镀锌无铬钝化技术

张英杰　董　鹏　著

北京

冶金工业出版社

2014

内 容 提 要

　　本书对硅酸盐钝化工艺进行了系统的阐述，并通过热力学和量化计算，结合电化学、SEM 及 XPS 等测试手段，分析了硅酸盐钝化膜的成膜机理。作者结合多年来的教学、科研和技术实践，并查阅了国内外大量参考文献，结合无铬钝化最新技术撰写而成。书中介绍了国内外应用较为广泛、性能稳定的成熟工艺，内容涉及新技术、新工艺和清洁生产工艺等。

　　本书既适合从事电镀、腐蚀与防护、电化学工程等领域的工程技术人员及技术工人使用，也可供大专院校相关专业的师生参考。

图书在版编目（CIP）数据

镀锌无铬钝化技术/张英杰，董鹏著 . —北京：冶金
工业出版社，2014.10
　ISBN 978-7-5024-6377-9

　Ⅰ.①镀… Ⅱ.①张… ②董… Ⅲ.①镀锌—钝化
工艺 Ⅳ.①TQ153.1

　中国版本图书馆 CIP 数据核字（2014）第 236788 号

出 版 人　谭学余
地　　址　北京市东城区嵩祝院北巷 39 号　邮编　100009　电话　（010）64027926
网　　址　www. cnmip. com. cn　电子信箱　yjcbs@ cnmip. com. cn
责任编辑　郭冬艳　美术编辑　吕欣童　版式设计　孙跃红
责任校对　禹　蕊　责任印制　李玉山
ISBN 978-7-5024-6377-9
冶金工业出版社出版发行；各地新华书店经销；北京佳诚信缘彩印有限公司印刷
2014 年 10 月第 1 版，2014 年 10 月第 1 次印刷
169mm×239mm；10.25 印张；198 千字；152 页
46.00 元
冶金工业出版社　投稿电话　（010）64027932　投稿信箱　tougao@ cnmip. com. cn
冶金工业出版社营销中心　电话　（010）64044283　传真　（010）64027893
冶金书店　地址　北京市东四西大街 46 号（100010）　电话　（010）65289081（兼传真）
冶金工业出版社天猫旗舰店　yjgy. tmall. com
　　　　　　（本书如有印装质量问题，本社营销中心负责退换）

前　　言

　　长期以来，镀锌钢板的钝化处理通常采用六价铬酸盐钝化液，但铬酸盐毒性高、易致癌，会对人体造成极大的危害，对环境造成极大的污染。随着人们环保意识的增强，铬酸盐的使用受到严格的限制，因此无铬钝化工艺的应用已成为必然的发展趋势。硅酸盐钝化是一种无毒、无污染的钝化技术，但其工艺不稳定、成膜效率不高。为解决这一问题，我们开发了一种新型成膜促进剂，在提高成膜速率的同时，可有效改善产品的耐蚀性。本书对硅酸盐钝化工艺进行了系统的阐述，深入探讨了镀锌层硅酸盐钝化膜的成膜机理与耐蚀机理，并在电镀厂中实际应用，取得了一定的经济效益。

　　本书通过热力学和量化计算，结合电化学、SEM 及 XPS 等测试手段，分析了硅酸盐钝化膜的成膜机理。钝化膜的形成包括二氧化硅胶状物的生成、镀锌层的溶解、碱性薄层的形成和钝化膜形成四个过程。由于镀锌层表面存在晶体缺陷，这些晶体缺陷属于能量较高的电化学不均匀的区域，在含有 H_2O_2 的酸性钝化液中易形成众多微电池，阳极发生锌的溶解，生成 Zn^{2+}，阴极发生 H_2O_2 的极化还原反应，以 OH^- 的形式吸附在两相界面上，引起镀锌层表面 pH 值的上升，形成碱性膜层，为成膜反应提供必要条件。在有 OH^- 吸附于界面的情况下，溶液中的 Zn^{2+} 可与 OH^- 结合生成 $Zn(OH)_2$，继而脱水形成 ZnO；在 pH 值 $1.5 \sim 2.5$ 的钝化液中，硅酸根首先生成 SiO_2 胶状物，在 OH^- 的作用下，SiO_2、OH^- 和 Zn^{2+} 共同形成 $ZnSiO_3$。生成的 ZnO、$ZnSiO_3$ 等含锌化合物沉积在镀锌层表面，微细的胶态 SiO_2 粒子会填充膜层的孔隙，最终形成硅酸盐钝化膜。

　　钝化膜的成膜过程分为三个阶段：反应初期（$0 \sim 30s$）钝化膜快

速成长，但膜层还不完整，表面有小孔分布；反应中期（30~120s）钝化膜生长速率降低，钝化膜的结构不断完善，表面平整光滑，表现出良好的外观和耐蚀性；反应末期，当钝化时间大于120s后，膜层出现堆积现象，其耐蚀性降低。

耐蚀机理研究表明，腐蚀过程中硅酸盐钝化膜是通过机械隔离和电化学缓蚀作用而对基体起到保护作用的。用场发射电镜观察硅酸盐钝化膜的微观形貌后发现，钝化膜由无数细微粒子紧密排列而成，均匀致密的结构可将镀锌层表面与腐蚀介质隔离开来，有效地阻挡外界氯离子和氧等腐蚀介质对镀锌层的侵蚀。电化学研究表明，在 NaCl 腐蚀溶液中，高频区硅酸盐钝化膜的电化学反应阻抗远远大于镀锌层，达到 $780\Omega \cdot cm^2$，较大的交流阻抗可以有效地阻碍电荷自由传输，腐蚀电流密度由 $2.0062 \times 10^{-5} Amp/cm^2$ 降至 $6.1561 \times 10^{-6} Amp/cm^2$，腐蚀速率仅为 $0.0183 g/(m^2 \cdot h)$。采用扫描电化学显微镜技术对钝化膜的电化学特性研究也表明，硅酸盐钝化膜的电化学活性不高，能够有效地降低镀锌层表面电子的传递速率，微电池的腐蚀反应发生倾向明显降低，从而抑制了腐蚀过程，显著提高了镀锌层的耐腐蚀性能。硅酸盐钝化膜对腐蚀过程中的阴极、阳极过程均有不同程度的控制，阳极极化度为 180.663mV，明显高于阴极极化度的 98.579mV，其腐蚀过程表现为阳极控制型。

对镀锌硅酸盐钝化工艺进行了工业生产应用后，所得的各种形状零部件的外观光亮，膜层均匀，无脱膜现象产生，其耐蚀性完全达到生产的要求。钝化液的稳定性好，维护方便，在长时间连续使用的过程中，钝化液的 pH 值变化不大；随着生产量的增加，钝化液中硅酸根、硫酸根、硝酸根含量有所减少，为了保证产品的质量，在生产一段时间后，可以通过添加硅酸钠、硫酸和硝酸钠的方式来调节钝化液的组成。操作过程中应采用适当的钝化液配制方法、搅拌方式、钝化温度、浸渍时间、干燥温度等，可以有效延长钝化液的使用寿命。

本书的内容主要分为两个部分，共七章：第一部分为理论研究，包括无铬钝化新技术的进展，硅酸盐钝化技术的工艺研究，硅酸盐钝化技术的成膜机理及耐蚀机理研究；第二部分为工程实践，并加以实例说明，包括示范工程建设及经验。

　　由于作者水平有限，加之时间仓促，书中难免有一些疏漏和不当之处，敬请广大读者批评指正。

作　者
2013 年 12 月于昆明

目　　录

第一篇　理论研究

1　金属防护技术的发展 ……………………………………………… 3

　1.1　金属的大气腐蚀 ………………………………………………… 3

　　1.1.1　大气腐蚀的定义 …………………………………………… 3

　　1.1.2　大气腐蚀的危害性 ………………………………………… 3

　　1.1.3　大气腐蚀的分类 …………………………………………… 4

　　1.1.4　金属大气腐蚀机理 ………………………………………… 5

　1.2　化学钝化膜简介 ………………………………………………… 7

　　1.2.1　化学钝化膜的定义 ………………………………………… 7

　　1.2.2　化学钝化膜的分类方法 …………………………………… 7

　　1.2.3　化学钝化膜的处理方式 …………………………………… 7

　　1.2.4　化学钝化膜的防护性能 …………………………………… 8

　1.3　镀锌板铬酸盐钝化的历史 ……………………………………… 8

2　无铬钝化新技术进展 …………………………………………… 11

　2.1　无铬钝化技术研究进展 ……………………………………… 12

　　2.1.1　无机物钝化处理 ………………………………………… 12

　　2.1.2　有机物钝化处理 ………………………………………… 16

　　2.1.3　硅酸盐钝化工艺 ………………………………………… 18

　2.2　钝化成膜机理 ………………………………………………… 19

　　2.2.1　成相膜理论 ……………………………………………… 19

　　2.2.2　吸附理论 ………………………………………………… 21

　　2.2.3　两种理论的区别与联系 ………………………………… 21

3　硅酸盐钝化工艺 ………………………………………………… 23

　3.1　概述 …………………………………………………………… 23

3.2　试验材料 ………………………………………………………… 23

3.3　试验试剂 ………………………………………………………… 23

3.4　试验仪器 ………………………………………………………… 24

3.5　试验方法 ………………………………………………………… 24

　　3.5.1　基础镀锌工艺的选择 ………………………………… 24

　　3.5.2　钝化工艺的选择 ……………………………………… 25

　　3.5.3　工艺流程 ……………………………………………… 26

3.6　钝化膜中性盐雾耐蚀性测试试验方法 ……………………… 27

3.7　正交试验确定钝化液组成 …………………………………… 28

3.8　钝化液各成分的单因素试验 ………………………………… 29

　　3.8.1　SiO_3^{2-} 浓度对钝化膜耐蚀性的影响 ……………… 30

　　3.8.2　SO_4^{2-} 浓度对钝化膜耐蚀性的影响 ……………… 30

　　3.8.3　NO_3^- 浓度对钝化膜耐蚀性的影响 ………………… 31

　　3.8.4　H_2O_2 浓度对钝化膜耐蚀性的影响 ………………… 31

　　3.8.5　成膜促进剂浓度对钝化膜耐蚀性的影响 ………… 32

3.9　正交试验钝化工艺条件 ……………………………………… 33

3.10　单因素试验考察各工艺条件的影响 ……………………… 35

　　3.10.1　pH 值对耐蚀性的影响 …………………………… 35

　　3.10.2　钝化时间对耐蚀性的影响 ……………………… 36

　　3.10.3　钝化温度对耐蚀性的影响 ……………………… 37

3.11　本章小结 ……………………………………………………… 38

4　硅酸盐钝化膜成膜机理 …………………………………………… 39

4.1　概述 ……………………………………………………………… 39

4.2　镀锌层在硅酸盐钝化液中的化学反应 ……………………… 39

4.3　硅酸盐钝化膜成膜量子化学计算 …………………………… 40

　　4.3.1　界面 pH 值上升反应的模拟 ……………………… 41

　　4.3.2　$Zn(OH)_2$ 脱水反应的模拟 ……………………… 49

　　4.3.3　$ZnSiO_3$ 生成反应的模拟 ………………………… 56

4.4　成膜过程电化学反应 ………………………………………… 65

　　4.4.1　开路电位–时间曲线 ……………………………… 65

　　4.4.2　成膜时间对 Tafel 曲线的影响 …………………… 67

4.5　钝化膜金相图、SEM 图和 EDAX 能谱分析 ……………… 69

　　4.5.1　微观形貌及能谱分析 ……………………………… 69

　　4.5.2　断面形貌 …………………………………………… 71

4.6　硅酸盐钝化膜 X 射线光电子能谱分析（XPS）……………… 73

　4.6.1　钝化膜元素分析……………………………………… 73

　4.6.2　钝化膜成分分析……………………………………… 74

4.7　硅酸盐钝化膜的成膜机理…………………………………… 76

　4.7.1　二氧化硅胶状物的形成……………………………… 76

　4.7.2　镀锌层的溶解………………………………………… 76

　4.7.3　碱性薄层的形成……………………………………… 77

　4.7.4　钝化膜的形成………………………………………… 77

4.8　本章小结……………………………………………………… 78

5　硅酸盐钝化膜耐腐蚀机理…………………………………… 80

5.1　概述…………………………………………………………… 80

5.2　镀锌硅酸盐钝化膜的腐蚀热力学…………………………… 80

　5.2.1　Zn – H$_2$O 系电位 – pH 图…………………………… 81

　5.2.2　Si – H$_2$O 系电位 – pH 图…………………………… 83

　5.2.3　Zn – Si – H$_2$O 系电位 – pH 图……………………… 84

5.3　硅酸盐钝化膜的腐蚀速率…………………………………… 86

　5.3.1　醋酸铅点滴试验……………………………………… 86

　5.3.2　中性盐雾试验………………………………………… 87

　5.3.3　盐水浸泡试验………………………………………… 88

5.4　钝化膜的附着力……………………………………………… 89

5.5　钝化膜的硬度………………………………………………… 90

5.6　钝化膜表面粗糙度…………………………………………… 91

5.7　硅酸盐钝化膜的孔隙率……………………………………… 96

5.8　电化学方法考察钝化膜的耐蚀性…………………………… 96

　5.8.1　Tafel 极化曲线的测量………………………………… 97

　5.8.2　硅酸盐钝化膜的交流阻抗谱特征…………………… 98

　5.8.3　扫描电化学显微镜的测量…………………………… 100

5.9　扫描电镜观察微观形貌……………………………………… 114

　5.9.1　表面形貌……………………………………………… 114

　5.9.2　腐蚀产物形貌………………………………………… 114

5.10　硅酸盐钝化膜的耐蚀机理分析…………………………… 116

5.11　本章小结…………………………………………………… 117

第二篇 工程实践

6 示范工程建设及经验 ·········· 121

6.1 概述 ·········· 121

6.2 镀锌硅酸盐钝化膜的用途及市场分析 ·········· 121

　6.2.1 镀锌硅酸盐钝化膜的用途 ·········· 121

　6.2.2 镀锌硅酸盐钝化膜的市场分析 ·········· 122

6.3 经济、社会及生态效益分析 ·········· 123

　6.3.1 经济效益分析 ·········· 123

　6.3.2 社会及生态效益 ·········· 125

　6.3.3 硅酸盐钝化工艺的市场竞争力 ·········· 126

6.4 电镀锌硅酸盐钝化技术的意义 ·········· 127

7 工业化生产 ·········· 128

7.1 生产应用的主要内容 ·········· 128

7.2 生产应用前期准备工作 ·········· 128

　7.2.1 生产中用到的设备 ·········· 129

　7.2.2 硅酸盐钝化液的配制流程 ·········· 129

7.3 硅酸盐钝化液稳定性考察 ·········· 130

　7.3.1 钝化膜外观 ·········· 130

　7.3.2 钝化膜耐蚀性测试 ·········· 130

　7.3.3 钝化膜耐盐雾试验均匀性测试 ·········· 131

　7.3.4 钝化液中硫酸根浓度的变化 ·········· 132

　7.3.5 钝化液 pH 值变化 ·········· 132

　7.3.6 钝化液中硅酸根含量的变化 ·········· 133

　7.3.7 钝化液中硝酸根含量的变化 ·········· 134

　7.3.8 钝化液中锌离子含量的变化 ·········· 135

7.4 硅酸盐钝化液的维护与管理 ·········· 135

　7.4.1 硅酸盐钝化液的配制 ·········· 135

　7.4.2 搅拌 ·········· 136

　7.4.3 溶液温度 ·········· 136

　7.4.4 浸渍时间 ·········· 136

　7.4.5 干燥 ·········· 136

7.4.6　严防钝化液遭受污染 ································· 137

7.4.7　不同形状工件的钝化实例 ······················· 137

7.4.8　常见故障现象的纠正 ····························· 138

7.5　生产中部分零部件产品外观 ······················· 139

7.6　生产应用实现的主要技术经济指标 ··············· 140

7.7　本章小节 ··· 140

7.7.1　硅酸盐钝化工艺的产业化前期工作 ············ 140

7.7.2　生产中钝化液性质变化的考察 ················· 141

7.7.3　硅酸盐钝化液的维护与管理 ···················· 141

7.7.4　镀锌硅酸盐钝化膜的用途及市场分析 ·········· 141

7.7.5　社会及生态效益 ································· 142

参考文献 ··· 143

第一篇　理论研究

LILUN YANJIU

1　金属防护技术的发展

1.1　金属的大气腐蚀

1.1.1　大气腐蚀的定义

金属在大气自然环境条件下的腐蚀通称为大气腐蚀[1]。大气腐蚀在金属腐蚀中是数量最多、覆盖面最广、破坏性最大的一种腐蚀[2]。这是因为金属暴露在大气环境介质中的机会比在其他介质中的机会多。据统计，约有70%的金属制品或结构件在大气环境下工作：在户内有各种各样的金属用品，在户外有众多的高大金属钢架、桥梁、汽车、轮船及各种金属建筑设施，无时无处不受到大气的侵蚀。

1.1.2　大气腐蚀的危害性

金属受到大气腐蚀以后，首先是其表面颜色变灰暗并逐渐转变颜色，严重的时候可看到锈迹斑斑（如图1-1所示），表面外观遭到破坏。这在短时间内可能不会有什么大问题，但它的危险性是潜伏的，当腐蚀发展到一定程度后，就会产生明显的破坏，甚至导致突发性的灾难[3,4]。因此，对金属的大气腐蚀，切不可掉以轻心。

图1-1　金属腐蚀后的外观

1.1.3　大气腐蚀的分类

大气腐蚀有全面腐蚀和局部腐蚀两种不同的外观。当金属的表面只有局部位置的锈迹，称为局部腐蚀；当表面已全部布满了锈斑，即为全面腐蚀。有时可能是先从局部发生锈蚀，经过长时间后扩展至全面生锈，也可能由多处的锈蚀开始，后来连成一片，结果造成了全面的锈蚀。局部锈蚀比全面锈蚀的危害性更大，因为全面锈蚀比较均匀，蚀坑较浅，容易发现及维修，而局部锈蚀往往会向深度发展，蚀坑较深，容易造成破坏甚至发生突发性事故[5,6]。

金属表面的湿度，也就是大气的潮湿程度是决定大气腐蚀的主要因素。所以，大气腐蚀按照金属表面的潮湿程度不同，可以分成三种类型[7]，见表 1 - 1。

表 1 - 1　大气腐蚀的分类[2]

分　类	定　义	特　点
干大气腐蚀	空气干燥金属表面不存在液膜层时的腐蚀	金属表面形成不可见的保护性氧化膜
潮大气腐蚀	相对湿度足够高，金属表面生成一层肉眼看不见的液膜时发生的腐蚀	铁在没被雨雪淋过时发生的腐蚀
湿大气腐蚀	金属表面形成一层肉眼可见的凝结水膜时发生的腐蚀	金属直接接触雨水、雪水等时产生的腐蚀

金属大气腐蚀的速率取决于金属表面上水膜的厚度（如图 1 - 2 所示），由图 1 - 2 可见，在曲线上分成四个膜厚范围：

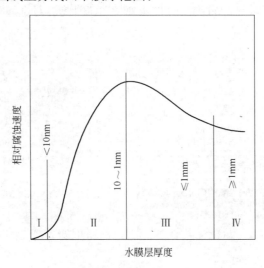

图 1 - 2　金属表面液膜厚度与腐蚀速率之间的关系

（1）水膜的厚度约为几个水分子层，表面没有形成连续的电解液，相当于干大气腐蚀，腐蚀速率很小。

（2）水膜厚度增大至几十个到几百个水分子层，形成连续的电解液层，发生电化学反应，腐蚀速率迅速增加。此时，相当于潮大气腐蚀。

（3）水膜厚度增大到毫米级（几百微米）时，氧进入电解液扩散到金属表面阻力增大，因此其腐蚀速率下降。

（4）水膜厚度大于1mm，相当于全浸腐蚀试验，腐蚀速率保持不变。

当然，大气腐蚀是非常复杂的，其影响因素很多。首先是环境方面的因素：大气温度、温差、水分与湿度、大气中有害气体及其浓度等，特别是大气污染影响很大；其次是材料自身方面的因素：材料的类型、杂质含量、热处理状态和工件的表面状态（钝化处理等）。

1.1.4 金属大气腐蚀机理

以钢铁在大气中的腐蚀为例，开始的腐蚀反应可用简化的形式表达（如图1-3所示），其化学反应可表示为：

$$Fe \longrightarrow Fe^{2+} + 2e \qquad （阳极反应）$$
$$O_2 + 2H_2O + 4e \longrightarrow 4OH^- \qquad （阴极反应）$$

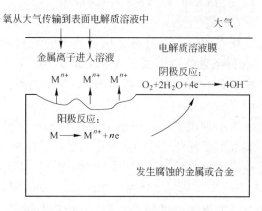

图1-3 大气腐蚀过程的示意图[3]

如果含 Fe^{2+} 的腐蚀环境是一种碱溶液，那么由阴极反应形成的 OH^- 离子要向阳极移动，形成白色的 $Fe(OH)_2$，这时最初的腐蚀产物为：

$$Fe^{2+} + 2OH^- \longrightarrow Fe(OH)_2$$

溶液是与空气接触的，因此 $Fe(OH)_2$ 会根据溶液的 pH 值很容易地被氧化成 $\alpha-FeOOH$ 或 Fe_3O_4：

在强碱条件下时 $\qquad 4Fe(OH)_2 + O_2 \longrightarrow 4\alpha-FeOOH + 2H_2O$

在弱碱条件下时　　　　　　$6Fe(OH)_2 + O_2 \longrightarrow 2Fe_3O_4 + 6H_2O$

图1-4为大气腐蚀机理示意图，其中 r 表示用 H_2O_2 快速氧化；d 表示脱氢或暴露在空气里；a 表示在空气下水溶液里的氧化；s 表示在水溶液里慢氧化；da 表示在有 Cu^{2+} 或 PO_4^{3-} 离子存在下的氧化。

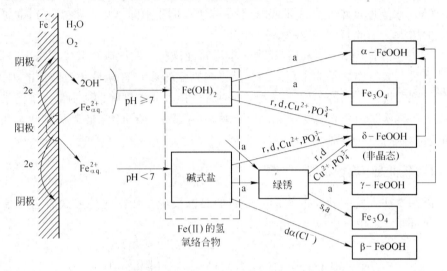

图1-4　大气腐蚀机理的示意图[36]

温度升高会降低相对湿度，而且在金属表面上的水要蒸发，随后新沉淀的 $Fe(OH)_2$ 脱水，在这种条件下就形成了 δ - FeOOH。而且已有报道认为，在 Fe 的大气腐蚀中间产物中有 H_2O_2 出现。在有 H_2O_2 存在的条件下，氧化产物将是 δ - FeOOH。

当金属表面上的水溶液膜是中性的或弱酸性时，不会形成 $Fe(OH)_2$，而是根据溶液里阴离子类型形成各种式样的 $Fe(II)$ 水合配合物。这种物质被水中溶解氧氧化，通过一种被称为"绿锈"的中间产物形成 γ - FeOOH，即

$Fe(II)$ 水合配合物→绿锈→γ - FeOOH

在湿的大气腐蚀环境里，常见到 Fe^{2+}/Fe^{3+} 氢氧化物的盐（绿锈）。在海洋气氛里，因有氯离子存在，形成被命名为"绿锈 I"的中间产物。在工业区气氛里因有 SO_2 存在，便形成了被称为"绿锈 II"的中间产物[4]。

在中性或略碱性溶液里，通过快速氧化或脱氢氧化的方式，$Fe(II)$ 水合配合物会转变成无序结构的细小锈颗粒 δ - FeOOH，即：

$$Fe(II)水合配合物 \xrightarrow{\quad r,d \quad} \delta - FeOOH$$

绿　　　　锈

1.2 化学钝化膜简介

1.2.1 化学钝化膜的定义

金属（包括金属镀层）最表层原子与钝化液中的阴离子相互作用，在金属或金属镀层表面生成一层附着力好的钝化隔离层，这层钝化隔离层称为化学钝化膜，而这个生成过程被人们称为金属的钝化过程[8]。化学钝化是采用化学钝化液，在金属或金属镀层的表面与溶液界面上发生化学或电化学反应，生成相对稳定产物的薄膜处理技术。有人使用以下反应式来定义化学钝化膜的产生过程：

$$mM + nA^{z-} \longrightarrow M_mA_n + nze$$

式中，M 代表表层的金属原子；A^{z-} 表示钝化液中化合价为 z 的阴离子，e 即为电子。

化学钝化膜与金属上的电镀层不同，它是基体金属和我们所选取的特定介质的反应，生成基体金属自身的钝化产物（M_mA_n）。在方程式中，e 是作为产物来表征的。这就说明，化学钝化膜在金属表面的形成，既可以是金属/介质界面间的化学反应的结果，也可能是在外加电源的情况下所发生的电化学反应。对于金属/介质界面间的化学反应，方程式所产生的电子将传递给钝化液中的氧化剂；在电化学反应情形下，电子将传递给与外加电源连通的阳极，并最终以电流的形式离开反应体系。

化学钝化膜的生成过程是相当复杂的，可能是在不同程度上综合了化学反应、电化学反应和物理化学反应等多个过程协同效应的结果。而上述方程式只是用来表征化学钝化膜的一种通用表达方式。

1.2.2 化学钝化膜的分类方法

化学钝化膜可以有多种分类方法。在生产过程中按照基体材质的不同，分为铝材、锌材、钢材、铜材和镁材钝化膜；按照其用途的不同，可将钝化膜分为涂装底层、塑性加工用、防护性、装饰性、减磨或耐磨性以及绝缘性钝化膜等等。除此之外，按照生产习惯也可以将钝化膜分为：阳极氧化膜、化学氧化膜、磷化膜及着色膜等。

1.2.3 化学钝化膜的处理方式

化学钝化膜通常使用的处理方式有：喷淋法、浸渍法、阳极化法、刷涂法等。各种方法的特点与适用的范围列于表 1 - 2 中[9]。在工业生产上已有应用的处理方式还有蒸汽法（如 ACP 蒸汽磷化法）、三氯乙烯综合处理法（简称 T. F. S 法）、滚涂法等等，以及使用研磨与化学钝化膜相结合的喷射法等。

表 1 - 2　化学钝化常用方法、特点及适用范围

方　法	特　点	适用范围
浸渍法	工艺简单易控制，由预处理、钝化处理、后处理等多种工序组合而成，投资与生产成本较低，生产效率较低，不易形成自动化	可处理各类零件，尤其适用于几何形状复杂的零件，常用于铝合金的化学氧化、钢铁氧化活磷化、锌材钝化等
阳极化法	阳极氧化膜比一般化学氧化膜性能更优越，需外加电源设备，电解磷化可加速成膜过程	适用于铝、镁、钛及其合金阳极氧化处理，可获得各种性能的化学钝化膜
喷淋法	易实现机械化或自动化作业，生产效率高，钝化处理周期短，成本低，但是设备投资大	适用于几何形状简单、表面腐蚀程度较轻的大批零件
刷涂法	无需专用处理设备，投资最省，工艺灵活简便，生产效率低，钝化膜性能差，膜层质量不易保证	适用于大尺寸工件局部处理，或小批零件，以及钝化膜局部修补

1.2.4　化学钝化膜的防护性能

化学钝化膜作为一种金属制品常用的防护层，其对基体的防护能力主要依靠在钝化过程中将化学性质比较活泼的金属转化为钝态的金属化合物，如金属氧化物、铬酸盐化合物、磷酸盐化合物、硅酸盐化合物等，提高生成物在环境中的稳定性。化学钝化膜还可以为质地较软的金属（如镁合金、铝合金等）提供一层硬质钝化膜，以提高这些金属的耐磨性。

铬酸盐钝化是最常见的化学钝化技术。这种钝化技术即使在钝化膜很薄的时候，也可以在较大程度上提高金属的耐腐蚀性能。金属耐蚀性的提高是基体化学活性降低产生的，铬酸盐钝化膜不但具有优异的耐蚀性能，而且当钝化膜表面受到机械损伤的时候，裸露的金属可以再次被缝隙中的六价铬钝化，从而使基体金属重新得到保护，即我们通常所说的自愈能力。

1.3　镀锌板铬酸盐钝化的历史

铬酸盐钝化技术种类很多，按钝化液成分中 Cr^{6+} 含量的高低可分为：高铬酸盐钝化（250g/L 左右）和低铬酸盐钝化（5g/L 左右）。按照钝化膜的颜色可以将其划分为蓝白色钝化、金黄色钝化、彩虹色钝化、军绿色钝化、黑色钝化等[10]。这些不同的钝化工艺虽然可以形成颜色不同的钝化膜，但成膜机理和钝化液组分大同小异，都是以 Cr^{6+} 为基本的成膜物质，对钝化液的 pH 值和不同的辅助成膜物质进行一定的调整就可以使钝化膜呈现不同的颜色。以上这些铬酸盐

钝化工艺均在酸性条件下进行，pH 值通常在 0～1.5 间。在酸性介质中，镀锌层与钝化液中的 Cr^{6+} 发生氧化还原反应，此时锌是还原剂，将 Cr^{6+} 还原成 Cr^{3+}[11]。反应式如下：

$$Zn + 2H^+ \longrightarrow Zn^{2+} + H_2$$

$$Cr_2O_7^{2-} + H_2O \longrightarrow 2Cr_2O_4^{2-} + 2H^+$$

$$Cr_2O_7^{2-} + 3H_2 + 8H^+ \longrightarrow 2Cr^{3+} + 7H_2O$$

$$Zn^{2+} + Cr_2O_4^{2-} \longrightarrow ZnCr_2O_4$$

$$Cr^{3+} + 4OH^- + Cr_2O_4^{2-} \longrightarrow Cr(OH)_3Cr(OH)CrO_4$$

$$Cr^{3+} + 3OH^- \longrightarrow Cr(OH)_3$$

在 pH 值很低的高铬酸盐钝化液中，Cr^{6+} 主要以 $Cr_2O_7^{2-}$ 的形式存在；在 pH 值稍高一点的低铬酸盐和超低铬酸盐钝化液中，Cr^{6+} 主要以 CrO_4^{2-} 的形式存在。由于镀锌层的酸溶反应消耗掉了金属/溶液界面上大量的氢离子，使金属/溶液界面附近的 pH 值显著上升，在金属/钝化液两相界面上生成凝胶状的钝化膜。钝化膜的骨架以三价铬的化合物为主，在缝隙中吸附了六价铬的化合物。三价铬的化合物多为蓝绿色，并且一般不溶于水，有较高的强度，构成了钝化膜中的"骨"；六价铬化合物多呈棕黄色或褚红色，且易溶于水，六价铬化合物填充了三价铬化合物骨架上的空隙，构成了钝化膜中的"肉"。钝化膜中不同颜色物质的组合与干涉，造成了钝化膜的多彩性[12~15]。因为六价铬化合物具有氧化性并且可溶性好，可以对机械损伤后暴露出的镀锌层进行"二次钝化"，所以铬酸盐钝化膜在具有很好的耐蚀性的同时，还具有自修复性。

由于铬酸盐毒性高、易致癌，并且会对环境造成极大的危害[16]，低铬钝化技术由此产生，其中低铬酸盐白色钝化技术的应用最为广泛，这是由于低铬钝化技术可直接钝化出漂亮的白色钝化膜，可以减少铬酐的用量，对废水的处理也方便得多，因此生产成本大大降低。

三价铬的毒性比六价铬低得多，不足六价铬的 1%，能在很大程度上减少对环境的污染，其钝化技术得到了研究人员越来越高的重视。经过半个多世纪的发展，三价铬钝化工艺成熟，产品具有较好的耐蚀性，还可以通过改善工艺条件，得到不同颜色的钝化膜。曾振欧等人[17]考察了不同工艺下制备出的镀锌层采用三价铬钝化液进行钝化后所制备的铬酸盐钝化膜的耐蚀能力以及电化学行为，对钝化膜的盐雾测试表明，碱性氯化物镀锌层在三价铬钝化液钝化后所得的钝化膜耐蚀性最好，在 5% NaCl（质量分数）及 3% NaOH（质量分数）溶液中测得钝化膜的 Tafel 表明，腐蚀速率最小的是碱性氰化物镀锌层钝化后所得的钝化膜。

任艳萍[18]等人对三价铬盐（TC）、三价铬盐加丙烯酸树脂（TCA）两种钝化技术制备出的钝化膜耐蚀机理和腐蚀行为进行了研究。试验结果表明，TC、

TCA 两种钝化技术，均能为镀锌层提高抗腐蚀能力，TCA 钝化液的效果好于 TC 钝化液，TCA 钝化后所得的钝化膜的耐蚀性接近于铬酸盐钝化膜。

在钝化液中加入钝化封孔剂也是提高钝化膜耐蚀性的一种行之有效的方法。封孔剂中通常含有大量的纳米级颗粒，这些颗粒可以填充钝化层中产生的大量微孔，使钝化膜变得更加致密，同时也克服了三价铬钝化技术无自修复能力的缺点，大大提高了钝化膜的耐蚀性，使三价铬钝化技术的耐蚀性达到或者超过了现有的六价铬钝化工艺。

三价铬可以在一定程度上减少对环境的污染，但是三价铬钝化液中仍然含有大量的铬，含铬废水的处理依然是很难的问题，采用三价铬代替六价铬并没有消除其污染的根源[19]。电镀厂产生的工业废水的排放要想达标必定要耗费大量的水，而国家已明令禁止对水资源的过度消费。因此，尽管铬酸盐钝化技术具有很多优点，但由于其对人体和环境的严重影响，铬酸盐钝化技术的发展已越来越受到限制。

2 无铬钝化新技术进展

金属材料由于受到周围介质的作用而发生状态的变化，转变成新相，从而遭受破坏，称为金属腐蚀[20]。金属腐蚀遍及国民经济和国防建设中的各个领域[21~24]，危害十分严重。首先，金属腐蚀会造成重大的直接或间接的经济损失。据统计，全世界每年因腐蚀而报废的金属总量相当于金属年产量的$1/4 \sim 1/3$[25]。发达国家每年为解决腐蚀问题所花的费用占国民经济的2%～4%，而且呈逐年增加的趋势。如美国2002年因为腐蚀作用对基础设施或产品造成的直接损失达2760亿美元；美国腐蚀工程师国际协会（NACE International）透露，目前美国每年的腐蚀经济损失已高达3000亿美元，平均每人每年腐蚀损失费超过1100美元。我国因腐蚀直接造成的经济损失也非常巨大，据2003年的统计，腐蚀损失已高达5000亿元人民币，约占国民生产总值的4%。其次，金属腐蚀还可能会造成灾难性重大事故，危及人们的生命财产安全，成为生产发展和科技进步的障碍。如1980年3月北海油田一采油平台发生腐蚀疲劳破坏，致使123人丧生[26]。搞清楚腐蚀机理和过程，除了可以在实践中延缓金属材料腐蚀外，还可以加以利用，产生很好的社会经济效益。

电镀是金属防腐蚀最常用的技术之一[27]。电镀锌是提高钢铁抗腐蚀能力非常有效的途径[28]，目前广泛地应用于造船工业、机械工业、航空、建筑等众多领域中。近些年来中国的经济发展迅速，镀锌钢板是国内消费增长速度最快的钢材品种之一。由于锌的电极电位比铁负，当镀锌钢铁件受到腐蚀介质侵蚀时，锌作为阳极首先腐蚀，保护铁基体[29]，因而镀锌是提高钢铁抗腐蚀性的简单而有效的方法。由于锌的性质比较活泼，尤其在不通风的湿热环境中，镀锌层作为阳极容易被腐蚀，形成主要由$ZnCO_3 \cdot 2Zn(OH)_2$、$(ZnO)_3 \cdot (ZnCO_3)_2 \cdot 4H_2O$等组成的暗灰色或白色疏松的腐蚀产物，大大减弱了镀锌层的耐腐蚀性，时间长了还会出现红锈，从而失去防腐效果。为改善镀锌层耐蚀性能，一般都要对镀锌层进行适当的钝化处理[30]，来提高锌镀层在环境中的热力学稳定性。钝化处理属一种化学钝化膜技术，它是通过化学或电化学等手段，使金属或镀层表面由活泼态转变成钝化态的过程。

镀锌层经过铬酸盐钝化处理可以得到耐蚀性不同和色彩各异的钝化膜层。如彩虹色、蓝白色、橄榄色、蓝色、黄色和黑色等色调[31]，不仅可以显著提高镀锌层的防腐蚀性能，而且改善了镀锌件的外观装饰性。因此，镀锌层铬钝化工艺广泛应用于机械工业、电子工业、仪表工业和轻工业等许多领域中。

然而铬酸盐有剧毒、是强致癌性化合物，在钝化工艺过程中产生的铬酸雾对工人健康有很大的危害，长期使用含铬钝化的电器（空调、冰箱等）也会严重影响人们的身体健康，钝化后产生的钝化废液的排放更是污染环境的源头[32]。随着人们环保意识的逐日增强，近年来世界各国制定法规严格限制铬酸盐的使用。2006 年 7 月 1 日，欧盟颁发了 RoHS（The Restriction of the use of certain Hazardous substances in Electrical and Electronic Equipment）绿色指令[33]，其中一项规定严格限制了在电子电气设备的制造中使用铬。该指令的出台严重影响了我国的出口业，尤其是以镀锌钢板为主要材料的电器出口，如空调、冰箱、洗衣机等[34~36]。在金属表面处理领域中铬酸盐终将被禁止使用。为此，采用新的对环境无污染的无铬钝化技术来取代铬酸盐钝化已迫在眉睫。

2.1　无铬钝化技术研究进展

近年来，对无毒或低毒的无机物缓蚀剂作为钝化剂进行了很多研究[37]，目前国内外针对锌及锌合金镀层上的无铬钝化技术的研究主要有以下几个方面：钼酸盐钝化、钨酸盐钝化、硅酸盐钝化、稀土钝化和有机物钝化等。

2.1.1　无机物钝化处理

2.1.1.1　钼酸盐钝化

钼与铬同属Ⅵ副族元素，钼酸盐作为缓蚀剂和钝化剂[38,39]已广泛应用于钢铁及有色金属。钼酸盐与铬酸盐性质上有许多的相似性[40,41]，钼酸盐的毒性低，比铬酸盐要低得多，因此钼酸盐有更好的环境适应性[42~44]。钼酸盐钝化膜的成膜过程是当镀锌层放入钼酸盐钝化液后，即在镀锌层表面生成一层钼酸盐钝化膜，随着钝化时间的延长，钼酸盐钝化膜不断增厚，钝化膜的内应力也随之增大，因此，钼酸盐钝化膜表面会出现微裂纹来释放钝化膜的内应力，钝化膜开裂处露出镀锌层，钼酸盐钝化膜随之在该处重新形成，覆盖应力产生的裂纹，这样的裂纹不会贯穿整个钝化膜层，提高了钝化膜的耐蚀性。

英国 Loughborough 大学[45~51]研究了对镀锌表面进行钼酸盐钝化处理过程中的电化学行为，实验结果表明：采用钼酸盐钝化技术形成的钝化膜可提高镀锌层的耐蚀性。丹麦的 Tang 等[52,53]制备出一种钼酸盐/磷酸盐体系钝化液，其中钼的含量为 2.9~9.8g/L，使用可以与钼酸盐结合成杂多酸的磷酸来调节钝化液的 pH 值。这种钝化方法可以在镀锌层表面生成 50~1000nm 厚的钝化膜层，对该钝化膜进行加速腐蚀试验，发现使用酸性介质腐蚀下的钝化膜的耐蚀性较好。Magalhães 等[54]，采用 SEM 和电化学测试等方法研究了钼酸钠溶液浸泡后的电镀锌层，结果表明：钼酸盐钝化液与铬酸盐钝化液有着极为相似的耐蚀机理；调节溶液 pH 值使用酸的类型对钝化膜的形貌和耐蚀性会产生很大的影响，使用硫酸或硝酸调节 pH 值后获得的钝化膜颜色较灰暗、较薄且不同程度上存在微裂纹，使用磷酸调节 pH 值到 3.0 的钼酸盐钝化液，钝化 10min 后获得膜层的耐腐蚀性能最好。卢锦堂[55,56]等人对热镀锌层进行了钼酸盐钝化的研究，得到钼酸盐钝化的工艺范围是：钼酸钠 5~25g/L，磷酸盐适量、添加剂适量，pH 值控制在 2.0~5.0 之间，钝化温度 30~70℃，钝化时间 10~60s，采用该钝化工艺可获得淡黄或浅蓝色的钼酸盐钝化膜。

钼酸盐还可以与多种不同组分进行复合，借助不同分子间的协同缓蚀作用来提高钝化膜的耐蚀性。Y. K. Song 等[57]使用硅烷作为添加剂，硝酸作为促进剂加入到钼酸盐、磷酸盐、硅酸盐钝化液体系中，处理后的试样经 24h 盐雾腐蚀试验后其耐蚀性与铬酸盐钝化膜相当，很有希望取代目前的传统铬酸盐钝化。陈锦虹等[58]将水溶性丙烯酸树脂加入到钼酸盐和磷酸盐中制得一种新型的有机无铬钝化液，采用中性盐雾试验（NSS）和湿热试验对这种新型的钝化膜进行耐蚀性测试，发现其耐蚀性与铬酸盐相当，同时对钝化层进行了盐水浸泡试验，发现其耐蚀性比铬酸盐钝化膜稍差，该钝化膜耐蚀性的提高主要是由于丙烯酸树脂与钼酸盐的交联作用，抑制了表面微裂纹的扩展，使得膜层更加细致，阻碍了基体与腐蚀介质相互接触，抑制了阴极反应。

到目前为止，钼酸盐钝化膜的耐蚀性仍不及铬酸盐钝化膜[59~63]，采用有机钼酸盐钝化可以有效提高钼酸盐钝化膜的耐蚀性[64~66]，然而，有机钼酸盐钝化会使钝化反应变得操作困难，钝化液性能变得不稳定，从而阻碍了钼酸盐钝化技术的发展。

2.1.1.2　钨酸盐钝化

铬、钼、钨属同族元素，钨酸盐同样也可以作为金属缓蚀剂，所以大量科研工作者对钨酸盐钝化进行了研究[67~69]。从 20 世纪 50 年代开始对钨酸盐的缓蚀效应进行了研究，但是钨酸盐的氧化性不够，在形成钝化膜之前，钨酸根吸附在金属表面，然后低价态钨的氧化物同腐蚀金属氧化物相互掺杂在一起而形成了钨酸盐钝化态膜。

但是，钨酸盐钝化的效果一直以来与铬酸盐和钼酸盐钝化相比，效果不是很明显。Bijimi[70]采用钨酸盐钝化技术制备的钝化膜，盐雾的测试结果表明，钨酸盐钝化膜的耐蚀性明显不如铬酸盐钝化膜的耐蚀性好，同时研究了镀锌层、镀锡层在钨酸盐钝化液中阴、阳极的极化特征，除此之外，Cowieson 等[71]采用钨酸盐钝化的方法对 Sn－Zn 合金进行了处理，并研究了 Sn－Zn 合金钨酸盐钝化膜的耐盐雾性能和抗湿热性能。结果表明，钨酸盐钝化膜虽然可以在一定程度上提高基体的耐腐蚀性能，但与钼酸盐和铬酸盐的钝化膜相比还是要差，因此钨酸盐钝化膜的研究和使用都受到了一定的限制。

2.1.1.3　稀土钝化

20 世纪 80 年代，Hinton 等人发现在钝化液中加入少量的氯化铈可以显著降低 7075 铝合金在 NaCl 介质中的腐蚀速率[72,73]。从 1984 年至今，铝合金表面使用稀土钝化的成膜工艺研究取得了较大的进展[74]。

Ce、La、Yb 等稀土元素的盐被认为是铝合金等在含氯介质中较好的缓蚀剂。B. R. W. Hinton 等[75]研究了镀锌层表面采用含铈钝化液的钝化工艺，结果表明，铈的氯化物可以在锌层表面形成一层氧化膜，这层黄色氧化膜可以降低钝化膜在 0.1mol/L NaCl 溶液中阴极点处的氧化还原速度。文献[76,77]镀锌层表面形成的稀土钝化膜，特别是这层钝化膜覆盖了阴极反应活性部位，有效地阻碍了氧气和电子在金属/溶液界面之间的自由转移和传递，镀层的腐蚀速率得以降低。近年来的一些研究成果还表明，稀土钝化膜在一定程度上还可以有效抑制镀层的阳极反应。M. F. Montemor 等[78~80]采用含有硝酸铈的钝化液处理了镀锌钢，同时考察了稀土钝化膜的耐腐蚀行为。采用硝酸铈溶液处理的稀土钝化膜的成分中包含三价铈和六价铈的化合物，两种价态铈盐的混合物共同抑制了腐蚀反应的阴极和阳极过程，从而降低了钝化膜的腐蚀速率，同时研究了不同价态铈对钝化膜外观的影响，发现 Ce^{3+} 所形成的钝化膜外观较均匀，可以更好地提高钝化膜的耐腐蚀能力。采用电化学研究的手段及对钝化膜表面分析的结果显示，在 Ce、La、Yb 等不同稀土元素中，稀土 La 比 Ce 和 Yb 可以更好地阻止腐蚀反应的发生，这是因为稀土 La 的加入可以使钝化膜的阴极电流更低，交流阻抗更高。M. A. Arenas 等人[81,82]也同时研究了在镀锌钢表面的含稀土 Ce 盐的钝化膜，采用 SEM 和 EDS 等手段对钝化膜表面形貌及成分进行了研究，发现稀土铈在钝化膜中是以 $Ce(OH)_3$ 或 $Ce_2O_3 \cdot H_2O$ 形式存在，钝化膜中并没有发现 Ce^{4+} 的存在。Yasuyuki 等[83]分别采用电化学测试、耐蚀性测试及 X 射线衍射等手段对稀土钝化膜的耐腐蚀行为进行了研究，发现 SO_4^{2-} 的加入可以有效地提高稀土钝化膜的耐腐蚀性能，这是因为 SO_4^{2-} 可以起到细化晶粒的作用，而细小的晶粒决定了其结构的致密，这将使钝化膜的耐蚀性提高。杨柳等人[84]同样使用含有稀土铈盐钝化的钝化液对镀锌钢板进行了钝化，并采用极化曲线、电化学交流阻抗谱等手段，比较了镀锌钢板钝化前后的变化。研究结果表明，镀锌层的腐蚀可以包括镀锌层的溶解和镀层表面氧的阴极还原两个过程，镀层表面生成的腐蚀产物 $Zn(OH)_2$ 迅速与溶液中的 Cl^- 结合形成由 $Zn-Cl^--OH^-$ 组成的化合物，促使腐蚀加剧。经铈盐钝化处理后的镀锌钢板，因为含有铈盐的钝化膜电阻值较大，其腐蚀电流密度下降、极化电阻升高，此时形成的钝化膜结构致密，抑制了镀锌层的溶解，提高了基体耐蚀能力，其耐蚀性能明显优于镀锌层，并与铬酸盐钝化件相当。

王济奎等[85]采用混合氯化稀土配制的钝化液对镀锌层表面进行了处理，处理液的条件为：H_2O_2 60ml/L，混合稀土盐（50% Ce，28% La，8.7% Pr，13.3%

Nd) 80g/L，钝化温度30℃，钝化液 pH 值4.0，钝化时间60s，得到的钝化膜为金黄色，钝化膜层的耐蚀性与低铬酸盐白色钝化相接近。并推测钝化过程，镀层上溶解下来的 Zn^{2+} 与钝化液中的稀土离子结合，形成氢氧化物沉积于镀锌层的表面，钝化液中的 H_2O_2 起到了促进钝化膜快速形成的作用。龙晋明等[86,87]对镀锌层做了混合稀土盐的钝化研究，其钝化液为硝酸亚铈与氯化铈的混合液，通过混合钝化液的处理，可以在镀锌层表面形成外观良好的稀土钝化膜，该钝化膜可以提高镀锌层的耐蚀性，钝化后的镀锌层的腐蚀速率是空白试样的十分之一。同时还研究了只含有硝酸亚铈钝化液的钝化效果，该钝化膜的相组成为 CeO_2、Ce_2O_3 和 ZnO 等稀土或锌的氧化物。最后提出，采用该工艺制备的稀土钝化膜虽然耐蚀性较好，但钝化时间过长，不适合工业生产的使用。

方景礼等[88]用浸渍法在 A3 钢表面上获得了稀土钝化膜，呈均匀的金黄色、有良好的装饰效果。硫酸铜点滴、盐水浸泡、硫化氢气体等加速腐蚀实验以及膜层的电化学测试均证实此膜具有一定的耐蚀性能，膜层的 XPS 分析结果表明，膜层由铁、铈、氧等元素组成。邝钜炽[89]探讨了在硝酸盐 - 锌系磷化过程中稀土化合物、溶液酸碱度、时间对磷化膜外观、膜重和耐蚀性的影响。稀土化合物的存在，既可使金属表面产生去极化作用而加速阴极反应，又可在金属表面形成凝胶起到晶核作用，加速磷酸盐膜的形成把少量稀土化合物添加到磷化液中可显著提高磷化膜的耐蚀性和磷化速度，其较佳的添加量为 30 ~ 55mg/L。唐鳌磊等[90]开发出一种耐蚀性优良的铝合金表面富铈稀土钝化膜化学成膜工艺，通过钼酸盐溶液处理可进一步提高钝化膜耐蚀性能。

稀土之所以可用作多种金属和合金的有效缓蚀剂[91~93]，原因在于其在金属表面可生成保护性的稀土氧化物膜。该钝化工艺环境友好，但是稀土是军事所需的重要元素，其使用受到一定的限制，稀土价格较高，使用稀土钝化技术会造成生产成本的增加[94~96]，而且其成膜效率较低，这将导致生产效率的降低，因此降低成本、提高成膜效率是目前稀土钝化工艺需要解决的现实问题。

2.1.1.4 钛酸盐钝化

朱立群等[97~99]研究了镀锌层表面钛盐钝化的处理技术，研究结果表明，在钛盐钝化液中，$TiCl_3$ 是主要的成膜物质，钝化液中的 H_2O_2 作为氧化剂，将 Ti^{3+} 氧化为 Ti^{4+}，钝化液中的促进剂可以与钛离子稳定络合，这将保证钝化液中长期稳定钛离子的存在。钝化液中的钛是以水合氢氧络离子的形式存在的，钝化液呈酸性，在钝化过程中镀锌层的溶解会产生大量的锌离子，这个溶解过程会导致钝化液表层的 pH 值上升，钛盐络合物会以难溶的二氧化钛水合物胶体的形式沉淀，溶解下来的锌离子也会和氢氧根结合形成氢氧化锌，钛与锌的沉淀物会进一步脱水形成蓝色钝化膜均匀覆盖在镀锌层表面。使用中性盐雾试验、电化学测试等手段对钛盐钝化膜的耐蚀性进行了表征，结果表明，钛盐钝化膜的耐蚀性好于铬酸盐钝化膜，腐蚀电流密度更小，阻抗值更高。

2.1.2　有机物钝化处理

大量研究表明，植酸、单宁酸等有机物在金属缓蚀方面也有很好的效果，钝化液中加入一定量的有机物可有效提高镀锌层的耐蚀性能。

2.1.2.1　植酸钝化

植酸广泛存在于油类和谷类种子中，易溶于水，具有较强的酸性，没有毒性，可作为金属的缓蚀剂[100]。植酸分子中含有 12 个羟基和 6 个磷酸基，这些基团上 24 个氧原子可以同金属配合，是一种很好的金属螯合剂。当植酸与金属络合时，可以形成稳定性很高的多个螯合环[101]。植酸在镀锌层表面可以和金属络合，形成一层致密的单分子保护膜，这层单分子膜可以有效阻止 O_2 等进入金属表面，达到了金属缓蚀的目的。

由于在金属表面形成了由植酸分子构成的单分子有机膜与有机涂料具有很相近的化学性质，而且钝化膜中含有的大量的羟基和磷酸基，这些活性基团能与有机涂层发生一定的化学反应[102]，因此，植酸钝化层与有机涂料具有很强的黏结能力。经植酸钝化过的金属或者合金不仅抗蚀能力很好，而且还可有效改善金属与有机涂层之间的黏结性。

张洪生等[103,104]在研究金属防腐、磷化等工艺时使用了植酸。发现在杂环化合物（如巯基苯并噻唑）、氟化物、氯化物、硼酸盐等组成的混合物中加入 30g/L 的植酸，并采用 80℃ 浸渍，130℃ 烘干的方式处理的金属，经 24h 中性盐雾试验，其钝化膜表面未发生锈蚀现象。

胡会利等[105,106]采用植酸对镀锌层的钝化效果进行了研究。通过耐腐蚀试验及电化学测试等方法植酸钝化膜的耐蚀性能进行了表征。采用 X 射线荧光光谱仪（XRF）和体式显微镜初步研究了植酸钝化膜的结构，推测钝化膜主要由植酸锌和聚硅酸构成，且钝化膜十分致密，可有效阻止腐蚀介质的渗透，降低了镀锌层腐蚀电流，其耐蚀性已经接近低铬钝化。朱传方[107]等将米糠中提取的植酸用于镀锌的无铬钝化，由植酸（浓度 50%，用量为 5g/L）与硅酸盐、硫酸盐及光亮剂组成的处理液调节 pH 值 2.0 ~ 3.0，镀锌件于其中浸渍 10 ~ 20s 后烘干进行腐蚀试验，试片在 3% NaCl 和 0.005mol/L 的 H_2SO_4 溶液中浸渍 70h 而未有锈斑现象发生。镀锌板经植酸处理后，在其抗蚀性提高的同时，其表面与有机涂料之间的黏结力也得到增强。美国专利 US4341558 公开了一种无铬合金表面处理剂，该处理剂由植酸、硅胶及钛或铬化合物组成。处理后的金属材料可不水洗，直接于 120℃ 干燥，最后涂以醇酸树脂蜜胺漆，经盐雾试验发现，该有机涂层附着力和金属材料抗蚀性优于常规的铬酸盐处理法。

2.1.2.2　单宁酸钝化

单宁酸是一种多元酸衍生物，当镀锌及其合金层与单宁酸溶液接触时，单宁酸的羧基与镀层反应并通过离子键形成锌化合物，而且单宁酸的大量羧基经配位键与镀 Zn 层表面生成致密的吸附保护膜[108]。单宁酸分子式为：$C_{76}H_{52}O_{46}$，含有多个邻位酚羟基，可以作为一种多齿配体与金属离子发生配合反应，形成稳定的五元环螯合物。单宁酸无毒，易溶于水，其水溶液呈酸性，能少量溶解基体金属锌，当镀锌层与单宁酸溶液接触时，单宁酸的羟基与镀层反应并通过离子键形成锌化合物，同时，单宁酸的大量羟基经配位键与镀锌层表面生成致密的吸附保护膜，可提高锌镀层的防护性。

单宁酸钝化膜形成过程可分为：锌的溶解、膜的形成、膜的成长和溶解平衡这三个阶段[109]。研究证明，随着溶液中单宁酸浓度的增加，膜层变厚，颜色加深，耐腐蚀性能增加[110]。哈尔滨工业大学闫捷[111]等采用：单宁酸含量 40g/L，硝酸含量 5ml/L，辅助成分分别为氟化铵 10g/L + 氧氯化锆 10g/L 和双氧水 60ml/L + 氟钛酸钾 10g/L，对锌镀层进行钝化处理，通过对不同的钝化温度、钝化时间和辅助成分及其含量对单宁酸钝化体系得到的钝化膜耐蚀性进行研究，得到以下结论：

（1）对比单宁酸钝化体系中各种添加剂的加入，发现氟化物如氟化铵、氟化钠、氟化钾等对提高钝化膜的耐蚀性效果较好；

（2）单宁酸体系钝化液中加入氧氯化锆能明显提高钝化膜的耐蚀性；

（3）氟钛酸钾代替氟化铵和氧氯化锆作辅助成分时，在室温下也可以得到耐蚀性很高的钝化膜；

（4）钝化前镀锌板在 65℃，1mol/L 的氢氧化钾溶液中活化 30s，能够提高钝化膜的耐蚀性。

为了延长镀锌钝化层的储存耐蚀期，日本的西村英雄等人研究出了适合于镀锌及其合金钢板表面处理用的单宁酸防锈处理液。这种防锈处理液由单宁酸聚合物，醇类增溶剂，少量湿润剂、添加剂和水组成。单宁酸聚合物是由单宁酸 15 ~ 30 份，乙二醇 - 丁醚 50 ~ 60 份，柠檬酸 5 份，20% 的乙醛 30 份，烷醇磺酸辛 1 份，在 60 ~ 70℃ 温度下加热搅拌聚合而成。然后将单宁酸聚合物 5 份，甲醇 20 份，三梨糖醇 0.4 份，湿润剂 0.2 份，添加剂 3 份和 71 份水混合成单宁酸防锈处理液。由于单宁酸价格较贵，为了降低成本，人们又研究出含单宁酸仅 3 ~ 5g/L 的钝化处理工艺[112]。它是将镀锌或锌合金钢板先浸于 pH 值为 13.5 ~ 14.0，温度为 50℃ 的 KOH 溶液中，保持 30 ~ 60s，使镀层表面活化后取出水洗，接着浸在含单宁酸 3 ~ 5g/L，温度约 60℃ 的单宁酸溶液中处理 30s，取出后自然干燥或热风干燥。这种处理方法工艺简单，成本低，单宁酸钝化膜与铬酸盐膜具有相同程度的耐蚀性，且能增强涂膜的附着力。

Mcconkey[113] 报道了一种单宁酸基的钝化膜处理工艺，用磷酸，单宁酸处理金属表面后，使金属铁表面稳定，后续的涂层与基体结合紧密，可为涂漆提供可靠的前处理。经单宁酸防锈处理液处理的镀锌或锌合金层直接进行盐水喷雾试验时，产生白锈的时间在 32h 以上，使用这种钢板时不需进行脱脂和磷化处理，可以直接涂装，能节省涂装前处理的费用。

单宁酸大量羟基经配位键与镀锌层表面生成致密的吸附保护膜，可提高镀锌层的防护性，但其价格较贵，一定程度上限制了该技术的发展。

2.1.3　硅酸盐钝化工艺

硅酸盐具有钝化成本低、钝化膜耐腐蚀性好、钝化液稳定性好、使用方便、无毒、无污染等优点[114~116]。Basker 等[117]研究了在硅酸钠溶液中采用电沉积法在镀锌层表面获得防腐蚀膜，并通过电化学试验研究其耐腐蚀性能。结果表明：用该工艺方法制备的钝化膜的耐腐蚀性明显高于黄色铬钝化膜和白色铬钝化膜；且膜层中 Si 含量越高其耐腐蚀性越好。Motoaki 等[118]在硅酸盐溶胶中通过添加 Ti $(SO_4)_2$、硝酸根离子来获得良好的化学钝化膜，添加 $CoSO_4$ 提高钝化膜与镀锌层间的结合力。电化学试验研究结果表明：

（1）硅酸盐钝化膜明显改善了镀锌层的耐腐蚀能力；

（2）对于锌层的出红锈时间硅酸盐钝化膜比铬酸盐钝化膜更持久。Sandrine 等[119]采用简单浸泡法，分别研究了纯 SiO_2 溶液、纯硅酸钠溶液及二者混合溶液所形成钝化膜的耐蚀性，结果表明混合溶液明显好于纯 SiO_2 溶液和纯硅酸钠溶液的钝化效果，且在电化学阻抗测量和耐盐雾试验方面与铬酸盐钝化膜相当。

Montemor 等[120~122]针对三种有机硅烷采用两步法 $(Zr(NO_3)^{4+}$ + 有机硅)制备成有机硅钝化膜，试验研究结果表明，氨基硅是三种有机硅中耐腐蚀性最好的，原因是氨基硅在与基体发生交互作用时 Si 元素在膜层表面的分布较均匀，而氨基基团与基体之间紧密的结合使 Si 元素在基体表面含量大大提高；同时他们也提出有机硅转化膜的耐腐蚀能力取决于 Si 元素在膜层表面分布的均匀性。Wolfgang 等[123,124]把镀锌基体浸泡于聚硅氧烷溶液中制备出有机硅化学钝化膜，并研究了其耐腐蚀行为。试验结果表明：采用复合多膜层体系所获得的钝化膜比采用单一膜层体系所获得的耐腐蚀性好，且复合多膜层表层膜的憎水性越好，该钝化膜的稳定性越好。Trabelsi 等[125]研究了在有机硅溶液中分别添加少量 $Ce(NO_3)$ 和 $Zr(NO_3)_3$ 所形成钝化膜的耐蚀性，并分析研究了 Ce 和 Zr 两种元素对提高钝化膜耐蚀性的作用机理。研究表明添加剂的加入对提高钝化膜的耐腐蚀性起到了积极效果，原因是添加剂的加入不仅降低了钝化膜的孔隙率、电导率，也同时增加了膜层的厚度。Ce 元素比 Zr 元素对提高膜层耐腐蚀能力效果更明显，因为前者不但增加了表面膜的稳定性而且对于内部膜层也起到保护作用。而同一体系中不同稀土元素 Ce 和 La 的比较研究[126]显示，提高钝化膜耐蚀性方面

La 不如 Ce 元素，原因是：La 元素只是分布在膜的表层，而 Ce 则分布较深，能更好地降低膜层的电导率和电容量。国内韩克平、叶向荣等[127]研究了镀锌层在硅酸盐钝化液中钝化处理所形成的化学钝化膜的耐蚀性以及膜层的组成和元素价态。研究结果表明：膜层表面 Zn 以 ZnS 形式存在；在膜层内部，带负电荷的 SiO_3^{2-} 离子，SiO_2 胶团与带正电荷的 Zn^{2+} 发生配位作用而形成保护膜，其耐蚀性与铬酸盐钝化膜相当。在宫丽等[128]采用共混法将纳米硅溶胶与水溶性丙烯酸树脂复合，用该溶液浸涂热镀锌钢板，经加热固化在其表面可形成厚 $2 \sim 3\mu m$、连续、致密的与基板结合牢固的环保型纳米 SiO_2/丙烯酸树脂复合薄膜。经电化学测试手段研究，结果表明：在复合薄膜中丙烯酸与 SiO_2 形成互相贯穿的无规网络结构，薄膜与镀锌板结合力良好，表面呈现出良好的抗白锈能力。随后他们又对该钝化液进行改性处理[129]，即在钝化液中添加少量钼酸盐，研究纳米硅溶胶改性剂对水溶性丙烯酸树脂和钼酸盐组成的有机复合膜微观形貌及腐蚀行为的影响。结果表明，该钝化膜耐蚀性能优于丙烯酸树脂与钼酸盐组成的钝化膜，对镀锌层腐蚀具有良好的抑制作用，其耐盐雾能力已接近或达到涂敷型铬酸盐钝化膜水平。

目前国内外对于硅酸盐钝化处理工艺研究已有所成果，但由于其钝化膜耐腐蚀效果还不能达到铬酸盐钝化工艺的效果[130~132]，因此目前还处于试验研究阶段，尚无生产应用实例[133~135]。由于硅酸盐具有无毒无污染、价格低等优点，硅酸盐钝化技术正逐渐成熟起来，并成为无铬钝化工艺研究的热点[136,137]。

2.2　钝化成膜机理

钝化理论与钝化现象两者之间有着密不可分的关系[138]。如果钝化现象是因为金属与钝化剂直接作用而产生的结果，那么称为"化学钝化"或者"自动钝化"。比如铬、铝、钛等金属在空气中和含氧溶液中都很容易被氧所钝化，被称为自钝化金属。如果金属的钝化是由阳极极化现象引发的，那么就叫做"阳极钝化"或者"电化学钝化"，铁、镍、钼等在稀硫酸溶液中均可发生电化学钝化。这两类钝化现象在本质上是一致的，可以用相同的理论来解释。还有一种现象指的是在一定环境中，金属表面沉淀出一层较厚的，但又比较疏松的盐层，把金属基体和腐蚀介质机械地隔离开，叫做"机械钝化"。钝化理论主要是用来解释"化学钝化"和"电化学钝化"现象的，广为接受的有两种：成相膜理论和吸附理论。

2.2.1　成相膜理论

当金属发生溶解时，在金属表面生成致密的、覆盖性良好且难于溶解的固态产物，如果这些新生成的固态产物形成了独立相（成相膜），把金属基体和表面溶液机械地隔离开来，就能够使金属的溶解速度大大降低，金属便由活性溶解转变成钝态。

有很多实验事实支持这一理论，比如在很多钝化金属表面上能够直接观察到成相膜的存在，并能进一步测定其厚度和组成。Evans[139]采用适当的溶剂，单独溶去基体金属而分离出钝化膜，并进一步研究其结构和组成。分析结果表明，大多数钝化膜是由金属氧化物组成的，铬酸盐、磷酸盐、硅酸盐及难溶硫酸盐和氯化物等在一定条件下也可以参与成膜。

只有直接在金属表面上生成的固相金属氧化物才能使金属钝化。在酸性溶液中，这种表面氧化物可能是表面金属原子与定向吸附的水分子之间互相作用的产物（如图 2-1 所示）；在碱性溶液中则可能是表面金属原子与吸附的 OH⁻ 离子相互作用的产物（如图 2-2 所示）。

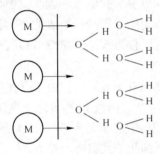

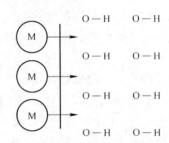

图 2-1　酸性溶液中的金属
钝化原理图[140]

图 2-2　碱性溶液中的金属
钝化原理图[140]

通过用 O^{18} 标记原子能直接证明，在 0.5mol/L 硫酸溶液中的 Ni 电极上，由水分子吸附形成的第一层"吸附氧层"能够使金属的溶解速度降低几个数量级，从而引起钝化现象。水分子在体系达到可能生成固态氧化物的电位后，能够直接参与钝化膜的形成[141,142]。当金属表面形成了初始钝化膜（吸附氧层）后，膜的生长和金属溶解是透过完整的膜来实现的。由于钝化膜具有离子导电性，而且在厚度最多不过几十埃的膜两侧电势差达十分之几伏到几伏，膜内电场强度高达 $10^6 \sim 10^7 V/cm$，在这种高强度电场的作用下，如果金属阳离子在膜中的迁移速率比较大，则钝化膜的生长主要是金属离子通过膜迁移到膜/溶液界面上来与阴离子相互作用如图 2-3a 所示；如果阴离子在膜中的迁移速率比较大，则钝化膜的生长主要是阴离子通过膜迁移到金属/膜界面上来与金属离子相互作用如图 2-3b 所示。

但这一理论并不能解释所有实验事实。比如在界面上生成了哪怕是很薄的膜，界面电容应该比自由界面上双电层电容的数值小很多。

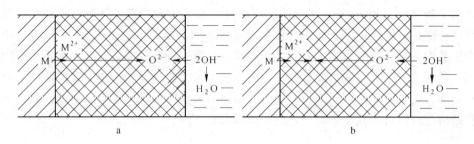

图 2-3　钝化膜的生长示意图

a—阳离子迁移速率较大时；b—阴离子迁移速率较大时

2.2.2　吸附理论

Uhlig 提出了吸附理论用来解释钝化现象[143]。这一理论认为，为了使金属钝化并不需要形成成相的固态氧化物膜，只要在金属表面或部分表面生成氧或含氧粒子的吸附层就够了。这些粒子在金属表面吸附后，改变了金属/溶液界面的结构，阳极反应的活化能显著升高，金属表面本身的反应能力降低，表现为阳极电流大幅下降。

吸附理论也有它不能够解释的实验现象。比如前述提到的，在某些金属表面上只要通过不足以形成单原子氧层的电量就可以使金属钝化。但这一现象一般是在具有很小交换电流密度的体系中测定的，在采用大电流极化时，由于电化学极化原因也有可能引起电极电势的大幅度偏移，而不是真正发生了钝化现象。另外，在钝化金属表面确确实实发现了钝化膜，这是任何解释钝化的理论都不应该忽略的。

2.2.3　两种理论的区别与联系

由以上讨论可知，成相膜理论和吸附理论都可以较好的解释大部分实验事实，但也有各自缺陷。如果将两种理论联系起来，可以将金属钝化分成两个步骤：

（1）OH^- 在金属表面吸附，或者 H_2O 在金属表面的定向吸附，吸附分子或离子参与电化学反应，直接形成"第一层氧层"后，金属的溶解速度即开始大幅下降；

（2）由于在步骤（1）过程中生成的吸附膜并不可能完全阻止金属的溶解，一定条件下这种氧层会继续生长变厚而形成成相的氧化物膜。与吸附膜相比，较厚的膜对金属的溶解过程的阻化效应更好一些，阳极电流应该进一步下降。如果某种金属在腐蚀介质中只发生上述步骤（1）反应，或者金属腐蚀速度的降低主要由步骤（1）过程中产生的吸附层所贡献，那么用吸附理论就可以比较好地解释这种体系的钝化现象。如果某种金属腐蚀速率的降低主要由步骤（2）过程中产生的成相氧化膜所贡献，则用成相膜理论来解释钝化现象较合适。但不论采用哪一种理论，在大多数情况下，只要有合适的条件，还是会形成一定厚度的氧化物膜的，而且这一层氧化物膜对金属的阳极溶解速度有很大影响。因此，对钝化膜结构进行微观研究，具有一定的实际意义。

3 硅酸盐钝化工艺

3.1 概述

硅酸盐钝化工艺不含任何有毒物质，能达到环保的要求，但以往的研究存在产品的性质极不稳定，成膜效率较低，且钝化液不易维护等问题，难以达到连续生产的要求。本章将对自主开发的新型硅酸盐钝化工艺进行优化，为钝化机理的研究和工业化生产奠定基础。

3.2 试验材料

工艺优化试验的阳极采用 0 号锌板、阴极采用低碳钢片，在 160mL 矩形槽中进行单面镀锌。其中低碳钢材料选用 Q235 钢冷轧板，钢板尺寸 40mm × 50mm × 2mm，其化学成分如表 3−1 所示。

表 3−1　冷轧钢板的化学成分（质量分数/%）

成　分	C	Si	Mn	P	S	Fe
含　量	≤0.08	≤0.05	≤0.50	≤0.035	≤0.025	余量

3.3 试验试剂

试验中使用的药品均为分析纯试剂，如表 3−2 所示。

表 3−2　试验中主要化学药品信息

名　称	纯　度	生产厂家
$ZnCl_2$	分析纯	广东汕头达濠精细化学品公司
KCl	分析纯	上海国药试剂厂
H_3BO_3	分析纯	天津科密欧化学试剂有限公司
$Na_2SiO_3 \cdot 9H_2O$	分析纯	广东汕头达濠精细化学品公司
30% H_2O_2	分析纯	广东汕头达濠精细化学品公司
98% H_2SO_4	分析纯	广东汕头达濠精细化学品公司
$NaNO_3$	分析纯	上海国药试剂厂
NaOH	分析纯	上海国药试剂厂

名　称	纯　度	生产厂家
NaCl	分析纯	天津科密欧化学试剂有限公司
Ferrocenemethanol	97%	Acros
Potassium ferricyanide	99 + %	Acros
KCl	基准	上海国药试剂厂

3.4　试验仪器

试验过程中所用到的设备、仪器如表 3 - 3 所示。

表 3 - 3　试验中用到的仪器

名　称	型号规格	生产厂家
直流稳压稳流电源	YH - 3010 型	广东宏宝
数字酸度计	PHS - 29A	上海雷磁
涂层测厚仪	HCC - 24	上海双旭电子有限公司
超声波清洗仪	SK2210HP	上海科导超声仪器有限公司
金相显微镜	4XC	上海光学仪器六厂
显微硬度仪	401MVA	沃伯特测量仪器有限公司
粗糙度测试仪	TR240	北京时代之峰科技有限公司
盐雾试验箱	YWX/F - 150	江苏安特稳科技有限公司
电子分析天平	TE214S	赛多利斯 Sartorius
扫描电化学显微镜	CHI900B	CH Instruments
电化学工作站	CHI660C	CH Instruments
电热恒温水浴锅	HH - 2	常州国华电器有限公司

3.5　试验方法

镀液和钝化液均采用蒸馏水配制，镀液及钝化液的 pH 值使用 PHS - 29A 型数字酸度计进行测定。由 YH - 3010 型直流稳压稳流电源提供稳定电流，进行传统电镀锌，钝化工艺在容量为 100mL 的烧杯中进行钝化液的配制及钝化处理。

3.5.1　基础镀锌工艺的选择

氯化物体系根据所用导电盐的不同[144]可分为，氯化铵镀锌、氯化钾镀锌和氯化钠镀锌。在查阅大量资料综合对比这三种电镀体系的基础上得到如表 3 - 4 所示的结论。

表 3 - 4 氯化物镀锌液的优缺点

类 型	优 点	缺 点
氯化氨体系	镀液的导电性好，电流效率高，分散能力和深镀能力好，镀层结晶细致，氢脆性小	电镀液容易分解，析出氨气，对电镀设备腐蚀严重，废水不好治理
氯化钾体系	镀液导电性好，阴极极化大，槽电压低，废水容易治理	镀液的导电性比氨盐镀液稍差，配制成本比氯化钠镀液稍高
氯化钠体系	配制成本低于其他体系	镀层脆性及电镀液电阻稍大，镀液中的光亮剂析出较多

经过以上各体系优缺点的对比，氯化钾电镀液具有：镀层脆性小，结晶细致、光亮，镀液导电性好，配制成本低，废液处理简单等优点，故本书选用氯化钾体系进行电镀锌，并对镀层进行钝化处理，考察各个工艺因素对镀层性能的影响。

氯化钾镀锌工艺：

$ZnCl_2$	50 ~ 80g/L
KCl	180 ~ 220g/L
H_3BO_3	25 ~ 35g/L
氯锌 I 号	18mL/L
pH 值	5.5 ~ 6.5
电流密度 D_k	1 ~ 8A/dm²
温度	室温

在本书中，电流密度采用 1.5 ~ 2.0A/dm²，电镀时间选用 20min，镀锌层厚度 6 ~ 10μm。

3.5.2 钝化工艺的选择

3.5.2.1 硅酸盐钝化液的组成及工艺条件

综合前人对硅酸盐钝化液的研究和前期单因素试验研究，初步确定了硅酸盐钝化液各基本组成及含量：

SiO_3^{2-}	2 ~ 8g/L
NO_3^-	10 ~ 40g/L
SO_4^{2-}	3 ~ 12g/L
H_2O_2	0 ~ 30mL/L
成膜促进剂	0 ~ 15g/L
pH 值	1.0 ~ 4.0
钝化温度	10 ~ 60℃

　　　　　钝化时间　　　　　　　5～120s

　　　　　空停时间　　　　　　　0～30s

3.5.2.2　铬酸盐钝化液的组成及工艺条件

　　试验中将硅酸盐钝化工艺与昆明市某电镀厂采用的高耐蚀蓝白钝化工艺进行对比（以下简称为铬酸盐钝化），铬酸盐钝化液的组成及工艺规范如下：

　　　　　钝化粉　　　　　　　　10g/L

　　　　　HNO_3　　　　　　　　　15mL/L

　　　　　pH 值　　　　　　　　　1.0～1.5

　　　　　钝化温度　　　　　　　20～40℃

　　　　　钝化时间　　　　　　　5～10s

　　　　　空停时间　　　　　　　3～5s

3.5.3　工艺流程

　　电镀锌硅酸盐钝化膜处理工艺流程如图 3-1 所示。

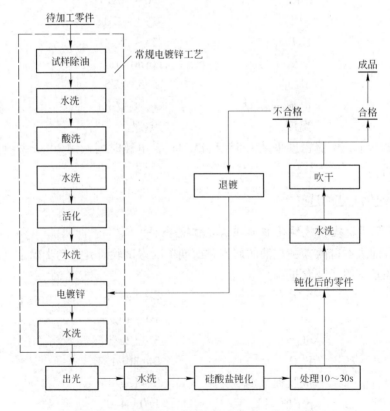

图 3-1　电镀锌硅酸盐钝化膜处理工艺流程图

钝化膜处理工艺流程为：试样除油→水洗→酸洗→水洗→活化→水洗→电镀锌→水洗→出光→水洗→钝化→水洗→热风吹干。

其中：电镀锌工艺采用传统氯化钾体系（$ZnCl_2$ 50~80g/L，KCl 180~220g/L，H_3BO_3 25~35g/L，氯锌 I 号 18mL/L，pH 值 5.5~6.5，电流密度 1.5~2.0A/dm²），在室温下电镀 20min，镀层厚度采用 HCC-24 涂层测厚仪进行测定，镀锌层厚度为 6~10μm。

除油液：NaOH 20~40g/L，Na_2CO_3 20~30g/L，$Na_3PO_4 \cdot 12H_2O$ 5~10g/L，OP-10 乳化剂 1~3mL/L，在 80~90℃的溶液中煮沸至油除尽。

酸洗工艺：体积比 15% 盐酸，室温；

出光工艺：体积比 1% 硝酸，室温；

活化液：5‰ 稀 HCl 溶液。

3.6 钝化膜中性盐雾耐蚀性测试试验方法

中性盐雾试验是评价金属材料的耐腐蚀性以及涂层对基体金属保护程度的加速试验方法，广泛用于确定各种保护涂层的厚度均匀性和孔隙度，作为评定批量产品或筛选电镀产品的试验方法[145]（见图 3-2）。

a   b

图 3-2 中性盐雾试验装置图

a—盐雾箱；b—盐雾箱内部构造图

本试验使用 YWX/F-150 型盐雾腐蚀试验箱，按照 GB/T 10125—1997 标准进行中性盐雾试验，采用分析纯 NaCl 和蒸馏水配制成的 5% NaCl 溶液（中性盐雾试验 pH 值 6.5~7.2，调整 pH 值用分析纯的稀盐酸或氢氧化钠）为腐蚀液。喷雾量为：盐雾沉降量 1~2mL/h，喷箱内温度为 35±0.5℃，试样与垂直方向成 15°~30°放置，采用连续喷雾方式，镀锌钢板被裁成 40mm×50mm，采用石蜡密封试样边缘和非试验表面。定期观察试样被腐蚀情况，记录试样开始出白锈的时间，以此为依据判定钝化膜的耐蚀性。

3.7　正交试验确定钝化液组成

在以往的硅酸盐钝化工艺中，钝化膜成膜速率较低，为了得到较好的耐蚀效果，往往需要较长的钝化时间。为解决这一问题，课题组开发了一种高效的成膜促进剂，不仅可以大大缩短钝化处理时间，同时，增强了硅酸盐钝化膜的耐蚀性。在进行了大量的单因素试验的基础上采用正交试验的方法对钝化液的组成进行优化。

钝化液的主要成分为 $Na_2SiO_3 \cdot 9H_2O$、H_2SO_4、H_2O_2、$NaNO_3$ 及成膜促进剂，选用 $L_{16}(4^5)$ 正交表安排试验，结果见表 3 - 5。

表 3 - 5　硅酸盐钝化液正交试验设计及试验结果

项目	SiO_3^{2-} /g·L^{-1}	SO_4^{2-} /g·L^{-1}	NO_3^- /g·L^{-1}	H_2O_2 /mL·L^{-1}	成膜促进剂 /g·L^{-1}	出白锈 时间/h
1	2	3	10	0	0	5
2	2	6	20	10	5	36
3	2	9	30	20	10	39
4	2	12	40	30	15	16
5	4	3	20	20	15	75
6	4	6	10	30	10	71
7	4	9	40	0	5	59
8	4	12	30	10	0	35
9	6	3	30	30	5	55
10	6	6	40	20	0	28
11	6	9	10	10	15	42
12	6	12	20	0	10	45
13	8	3	40	10	10	18
14	8	6	30	0	15	21
15	8	9	20	30	0	16
16	8	12	10	20	5	49
K_1	24.00	38.25	41.75	32.50	21.00	
K_2	60.00	39.00	43.00	32.75	49.75	
K_3	42.50	39.00	37.50	47.75	43.25	
K_4	26.00	36.25	30.25	39.50	38.50	
R	36.00	2.75	12.75	15.25	28.75	

钝化条件为：电镀锌 20min，出光时间 5s，钝化液 pH 值为 2.0，钝化温度为 25℃，钝化时间为 15s，使用热风吹干后老化 24h。所得到的钝化膜采用中性盐雾试验方法测试其耐腐蚀性能。

根据正交试验的极差分析可以得出不同影响因子的主次，并能为进一步试验提供依据。每个因子极差的大小，反映了该因子由于水平变化对试验指标影响的大小（见图 3-3）。

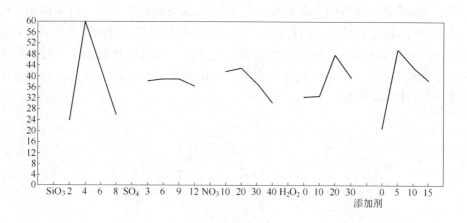

图 3-3　各工艺组成对耐蚀性影响的效应曲线

根据表 3-5 中的数据可知：

$$R_{(偏硅酸根)}(36.00) > R_{(成膜促进剂)}(28.75) > R_{(双氧水)}(15.25) >$$
$$R_{(硝酸根)}(12.75) > R_{(硫酸根)}(2.75)$$

根据 R 的大小顺序可明确得知影响钝化膜耐蚀性的主次因子为：

$$主 \rightarrow \rightarrow \rightarrow \rightarrow \rightarrow \rightarrow \rightarrow \rightarrow \rightarrow \rightarrow \rightarrow 次$$
$$SiO_3^{2-}，成膜促进剂，H_2O_2，NO_3^-，SO_4^{2-}$$

通过正交试验，初步确定了钝化液各成分的用量范围，下面将采用单因素试验的方法对钝化液各组成成分进行考察，研究各组分含量对硅酸盐钝化膜耐蚀性能的影响规律，并最终确定硅酸盐钝化液的最佳工艺组成。

3.8　钝化液各成分的单因素试验

在正交试验结果的基础上，采用单因素试验验证正交试验的结果，并更加精确的考察各个组成成分对硅酸盐钝化液耐蚀性的影响。采用的基础钝化工艺条件：钝化液 pH 值为 2.0，钝化温度为 25℃左右，采用 1% HNO_3 出光 5s。

3.8.1　SiO_3^{2-} 浓度对钝化膜耐蚀性的影响

钝化膜的主要成膜物质是来自硅酸盐中的 SiO_3^{2-}，其浓度的变化将直接影响到钝化膜的耐蚀性。

图 3-4 是钝化液中 SiO_3^{2-} 浓度变化对钝化膜耐盐雾腐蚀性能的影响。由图 3-4 可知，随着钝化液中 SiO_3^{2-} 浓度的升高，钝化膜的耐蚀性能先快速升高然后开始缓慢降低，在 SiO_3^{2-} 浓度为 4g/L 时钝化膜耐蚀性能最好。这是由于，钝化液中 SiO_3^{2-} 浓度较低时，钝化膜成膜速度慢，钝化膜薄，耐蚀性较低；当溶液中的 SiO_3^{2-} 浓度过高时，镀层表面成膜速度过快，引起钝化膜表面硅酸盐的堆积，导致膜层疏松、色泽较差且不均匀，钝化膜耐蚀性降低。因此，钝化液中 SiO_3^{2-} 的最佳浓度为 4g/L。

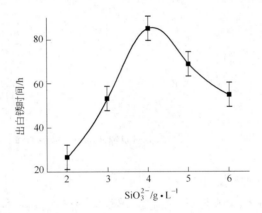

图 3-4　SiO_3^{2-} 浓度对钝化膜耐蚀性的影响

3.8.2　SO_4^{2-} 浓度对钝化膜耐蚀性的影响

SO_4^{2-} 是钝化液中不可缺少的重要组成成分，在成膜过程中起着重要的促进作用。在含有硅酸盐的钝化液中若无硫酸根，则不可能获得足够厚度的钝化膜，这是因为钝化液中含有强氧化剂，镀锌层浸入到硅酸盐溶液中时会很快生成一层无色透明的氧化膜，使镀锌层处于钝态，阻碍了镀锌层和钝化液继续进行氧化还原反应，硫酸根的作用在于防止镀锌层氧化，使镀锌层保持活化状态，使氧化还原反应得以顺利进行。

试验结果表明，添加适量的硫酸盐可使成膜速度明显加快，得到均匀膜层，钝化膜外观光亮呈淡蓝色，具有较好的耐蚀性。图 3-5 为 SO_4^{2-} 浓度变化对钝化膜耐蚀性的影响。当浓度偏低时，成膜速度缓慢，耐蚀性不高，外观也显得浅

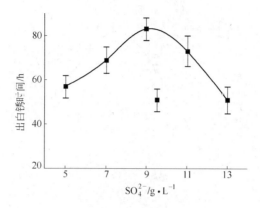

图 3 – 5 SO_4^{2-} 浓度对耐蚀性的影响

淡。随着硫酸根浓度升高，获得的钝化膜较厚，这是因为硫酸根浓度增加时，钝化液中离子浓度增加，离子扩散速度降低，膜的溶解速度减慢，成长速度加快。但硫酸根浓度也不能过高，否则钝化膜的形成速度反而下降，所获得的膜层疏松、多孔，防护性能降低，而且容易出现雾状。综合考虑 SO_4^{2-} 对钝化膜耐蚀性及外观影响后，钝化液中 SO_4^{2-} 用量为 9g/L。

3.8.3 NO_3^- 浓度对钝化膜耐蚀性的影响

NO_3^- 在钝化液中的主要作用是提高钝化膜光亮程度。除了出光作用之外，NO_3^- 还能起到整平作用，能使镀层的微观凸出部位先溶去。钝化液中无硝酸根参与是无法获得满意钝化膜的。但也要防止硝酸根含量过高，否则镀锌层溶解会加快。

图 3 – 6 为 NO_3^- 浓度的变化对钝化膜耐蚀性的影响。试验证明，NO_3^- 的加入能改善钝化膜膜层的质量，当加入量达到 20g/L 时，钝化膜的光亮度明显提高；含量太少时，膜层发暗、致密度低；含量过高，膜层不均匀，外观颜色不易控制，易产生发花现象，虽然钝化膜的耐蚀性没有明显降低，但外观不合格的产品其适用性也同样受到了限制，同时增加了生产成本，因此，综合考虑选择 NO_3^- 含量为 20g/L 为适宜添加量。

3.8.4 H_2O_2 浓度对钝化膜耐蚀性的影响

H_2O_2 为强氧化剂，是钝化液中主要成分之一。双氧水的加入使成膜时间大大缩短，成膜效率显著提高。

图 3 – 7 是钝化液中不同浓度的 H_2O_2 对钝化膜耐蚀性的影响。结果表明，适量浓度的 H_2O_2 可有效提高钝化膜的耐蚀性，但其加入量也不能太多，否则钝

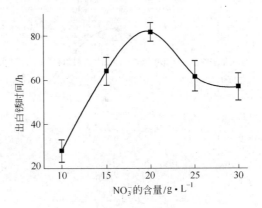

图 3 - 6　NO_3^- 浓度对耐蚀性的影响

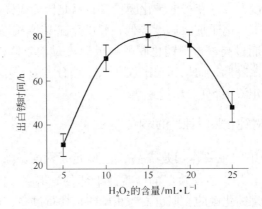

图 3 - 7　H_2O_2 浓度对钝化膜耐蚀性的影响

化膜的成膜速度过快，会导致膜的生长不均匀，引起耐蚀性能的降低，且在钝化膜表面很容易结成白色雾状物质，影响产品外观。综合考虑 H_2O_2 对硅酸盐钝化膜外观质量和耐蚀性能的影响，确定钝化液中 H_2O_2 的适宜用量为 15mL/L，此时虽然成膜速度稍有降低，但对钝化时间的要求相应的也降低了，可在较宽的钝化时间里得到成品，提高了成品率。

3.8.5　成膜促进剂浓度对钝化膜耐蚀性的影响

本项研究中自主开发了一种成膜促进剂。成膜促进剂的加入对钝化液有两方面作用，它一方面能活化被钝化金属的表面，提高钝化膜与基体结合的紧密程度；另一方面，成膜促进剂可以加速镀锌层的溶解，为钝化层表面提供一定量的锌离子，加速钝化膜的形成，在较短时间即可得到外观优良，耐蚀性好的钝化膜，这将使该项技术更有利于今后产业化的推广和应用。图 3-8 为成膜促进剂浓度的变化对钝化膜耐蚀性的影响。

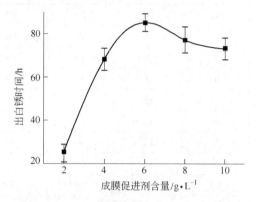

图 3-8　成膜促进剂浓度对钝化膜耐蚀性的影响

由图 3-8 可知，成膜促进剂加入量少于 2g/L 时，钝化膜形成速度较慢，很难在镀层表面形成完整的钝化膜层，钝化膜的耐蚀性较低。随着成膜促进剂加入量的增多，镀锌层表面的成膜速度逐渐加快，当成膜促进剂加入量达到 6g/L 时，可以在较短时间内在镀层表面形成完整的硅酸盐钝化膜，钝化膜的耐蚀性也随之提高，当成膜促进剂继续增加时，无论钝化膜的成膜速度，还是钝化膜的耐蚀性都没有显著增加，相反还有少许降低，综合考虑成膜速度、耐蚀性、外观、成本等因素，钝化液中成膜促进剂的最佳用量为 6g/L。

通过单因素试验方法对钝化液的各个成分进行考察，得到了钝化液中各组分浓度的变化与钝化膜耐蚀性之间的影响规律，以此为依据将对工业生产上工艺的调整，并对钝化液组分的添加起到指导意义。

3.9　正交试验钝化工艺条件

采用最佳工艺组成配制硅酸盐钝化液，选取钝化液 pH 值、钝化时间、钝化温度、出光时间、空气中停留时间五个工艺条件进行优化，选用 $L_{16}(4^5)$ 正交表进行正交试验，各个工艺范围如表 3-6 所示。

测试样基本的试验条件为：电镀锌 20min，热风吹干，老化 24h 后进行中性盐雾试验。正交试验设计的工艺条件及测试结果如表 3-6 所示。

表 3-6　硅酸盐钝化工艺正交试验设计及试验结果

项目	pH 值	钝化时间/s	出光时间/s	空停时间/s	钝化温度/℃	出白锈时间/h
1	1	5	0	0	10	6
2	1	30	5	10	20	49

项目	pH 值	钝化时间/s	出光时间/s	空停时间/s	钝化温度/℃	出白锈时间/h
3	1	60	10	20	40	40
4	1	120	15	30	60	27
5	2	5	5	20	60	28
6	2	30	0	30	40	76
7	2	60	15	0	20	73
8	2	120	10	10	20	58
9	3	5	10	30	20	38
10	3	30	15	20	10	51
11	3	60	0	10	60	31
12	3	120	5	0	40	52
13	4	5	15	10	40	22
14	4	30	10	0	60	29
15	4	60	5	30	10	32
16	4	120	0	20	20	48
K_1	30.50	23.50	40.25	40.00	36.75	
K_2	58.75	51.25	40.25	40.00	52.00	
K_3	43.00	44.00	41.25	41.75	47.50	
K_4	32.75	46.25	43.25	43.25	28.75	
R	28.25	27.75	3.00	3.25	23.25	

　　表 3 − 6 中 R 的大小反映了各因子水平变化对钝化膜耐蚀效果影响的大小，根据 R 值的大小顺序可明确得到影响钝化膜耐蚀性的主次因子为：

主→→→→→→→→→→→→→→→→→→→→→→→→→次

钝化液 pH 值，钝化时间，钝化温度，空停时间，出光时间

　　图 3 − 9 为各个工艺条件对钝化膜耐蚀性的效应曲线图，从图中我们可以看出，钝化液 pH 值、钝化时间、钝化温度对钝化膜的耐蚀性影响较大为主要因素，而出光时间和空停时间为次要因素，只要不做极端操作，出光时间和空停时间对钝化膜的耐蚀性没有明显影响，因此，将这两个因素均控制在 3 ~ 5s，既提高了生产效率，又降低了工人的操作难度。

　　根据钝化工艺条件对钝化膜耐蚀性影响的大小，对影响较大的三个主要因素进行单因素试验，考察各个因素的变化对硅酸盐钝化膜外观和耐蚀性能的影响规律，并确定硅酸盐钝化工艺的最佳工艺条件。

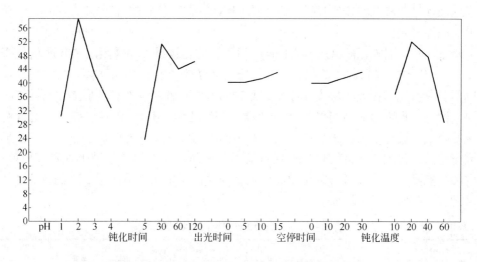

图 3 – 9　各工艺条件对耐蚀性的影响的效应曲线

3.10　单因素试验考察各工艺条件的影响

3.10.1　pH 值对耐蚀性的影响

　　钝化膜成膜速度快慢和耐蚀性的高低与钝化液的 pH 值有着密切的联系。在试验中，采用 10% 稀硫酸或 10% 稀 NaOH 溶液对钝化液的 pH 值进行调整。

　　钝化液中达到一定的 pH 值时，可以使镀锌层微量溶解，由此在钝化液中生成一定量的锌离子，这些 Zn^{2+} 与钝化液中的阴离子结合形成钝化膜沉积在镀层表面。钝化液 pH 值对耐蚀性的影响如图 3 – 10 所示。结果表明，当钝化液的 pH 值在 1.5 ~ 2.5 之间时可以形成耐蚀性较好的钝化膜。当 pH 值低于 1.5 时，钝化

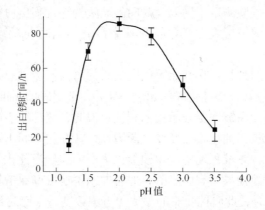

图 3 – 10　pH 值对耐蚀性的影响

膜耐蚀性显著降低，盐雾试验 18h 左右即出现白锈；当 pH 值超过 3.0 时，钝化膜耐蚀性变差。

表 3 - 7 为钝化液 pH 值在不同区间内，钝化膜外观的变化。在 pH 值低于 1.5 时，镀锌层浸入钝化液后，在镀锌层表面立即产生 H_2 的析出，大量的 H_2 生成不利于钝化膜在镀锌层表面沉积，此时的镀层溶解较快不利于形成致密的钝化膜，因此，很难形成高耐蚀性的钝化膜。当钝化液 pH $\geq$ 3.0 时，镀锌层的溶解速度降低，镀锌层表面无法提供充足的阳离子与钝化液中的阴离子结合，无法形成完整的钝化膜，并且钝化膜外观质量不易控制，表面粗糙，易出现发雾现象，耐蚀性能降低。综合考虑钝化膜的外观及耐蚀性的影响，最终选定钝化液的最佳 pH 值范围是：1.5 ~ 2.5。

表 3 - 7　不同 pH 值对钝化膜外观的影响

pH 值范围	钝化膜外观
< 1.5	钝化膜外观不易控制，钝化膜表面不均匀，镀锌层溶解过快
1.5 ~ 3.0	表面呈淡蓝色，钝化膜结晶致密、外观均匀光亮
≥ 3.0	膜层表面粗糙，亮度降低，呈白雾状，颜色不均匀，呈块状

3.10.2　钝化时间对耐蚀性的影响

钝化时间的选择要根据钝化的操作温度、钝化液中杂质的多少来确定。一般来说，较短的钝化时间不易形成完整的钝化成膜，特别是对异型件，会出现局部漏钝的现象；随着钝化时间的延长，膜层会逐渐增厚；但过厚的钝化膜，会导致膜层与基体的结合力下降，脱膜现象严重，同时钝化膜的形成与溶解过程是并存的，钝化膜的重新溶解，将会使钝化膜变得不均匀，钝化膜的耐蚀性也会随之降低。

采用中性盐雾试验测定不同处理时间的硅酸盐钝化膜出白锈的时间，比较钝化膜的耐腐蚀性。镀锌层在硅酸盐钝化液中浸渍不同时间对耐蚀性的影响见图 3 - 11。

随着钝化时间的延长，在开始阶段钝化膜的耐蚀性会迅速提高，钝化时间为 15 ~ 30s 时耐蚀性最好，当钝化时间超过 30s 后，钝化膜的耐蚀性开始缓慢降低。以上试验事实说明，在镀锌层开始浸入到钝化液时，镀锌层表面即开始形成钝化膜，随着时间的延长，钝化膜的厚度不断增加，在钝化时间 15 ~ 30s 之间，形成的钝化膜均匀致密，无堆积现象，耐蚀性也逐渐增加。当钝化时间在 30 ~ 90s 之间时，钝化膜的耐蚀性虽然有所降低，但总的来说还可以保持较高的耐蚀性。当钝化时间超过 90s 时，此时钝化膜的形成与溶解速度已不能达到平衡，钝化膜的溶解反应占主导地位，钝化膜开始变得疏松，已形成的钝化膜重新溶解，钝化膜

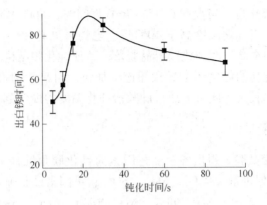

图 3 – 11　钝化时间对耐蚀性的影响

的耐蚀性显著降低，且较长的钝化时间会溶解大量的镀锌层，会出现镀锌层较薄处的腐蚀穿孔现象，将增加镀锌成本。因此，应综合考虑耐蚀性与成本的影响，钝化的最佳时间为 15~30s 左右。

3.10.3　钝化温度对耐蚀性的影响

钝化时的操作温度对钝化膜的外观及耐蚀性都会产生影响。当钝化液的温度较低时，钝化液中各种离子的反应速度较慢，钝化膜的成膜效率较低，生成的钝化膜薄，特别是在钝化时间较短时，容易出现漏钝现象，导致耐蚀性的降低；当钝化温度较高时，钝化反应速度很快，此时形成的钝化膜质地比较疏松，且容易出现脱膜现象，耐蚀性较差。本试验考察了 10~60℃ 之间钝化温度对钝化膜耐蚀性的影响，采用中性盐雾试验的方法测试出白锈时间。

由图 3 – 12 可看出，在钝化温度低于 10℃ 时即可形成较完整的钝化膜，说明此钝化工艺的耐低温性较好。随着钝化温度的升高成膜速度也随之加快，钝化

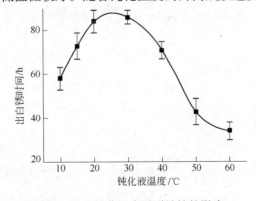

图 3 – 12　钝化温度对耐蚀性的影响

膜的耐蚀性也逐渐升高。当温度在 15~40℃ 之间时，可以得到膜层均匀，耐蚀性好的钝化产品。当钝化温度高于 40℃ 后，隐约可见有片状脱落的钝化膜悬浮在钝化液中，说明在高温时钝化膜容易脱落，致使钝化膜结构不完整，耐蚀性下降。除此之外，过高的温度还会导致燥速度加快，引起"泪痕"或"酱油迹"，有的甚至引起膜层脱落等质量事故。硅酸盐钝化温度的最佳范围为：15~40℃。

3.11　本章小结

（1）通过正交试验，得出各个工艺因素对钝化膜耐蚀性的影响程度由大到小为 SiO_3^{2-}，成膜促进剂，H_2O_2，NO_3^-，SO_4^{2-}；单因素试验确定的硅酸盐钝化液最佳组成为：SiO_3^{2-} 4g/L，SO_4^{2-} 9g/L，NO_3^- 20g/L，H_2O_2 15mL/L，成膜促进剂 6g/L。

（2）通过正交试验，得出各个工艺条件对钝化膜耐蚀性的影响规律：钝化液 pH 值、钝化时间、钝化温度对钝化膜的耐蚀性影响较大为主要因素，而出光时间和空停时间为次要因素，只要不做极端操作，出光时间和空停时间对钝化膜的耐蚀性没有明显影响，本工艺综合考虑成本及生产效率等方面，最佳工艺条件分别为：钝化液 pH 值 1.5~2.5，钝化时间 15~30s 左右，钝化温度 15~40℃，出光时间和空停时间均定为 3~5s。

4 硅酸盐钝化膜成膜机理

4.1 概述

本章通过工艺条件优化，得到了外观均匀、光亮、结构致密、耐蚀性高的硅酸盐钝化膜。本章将通过热力学计算可能发生的成膜反应，采用量子化学计算从微观角度模拟成膜过程，利用 SEM、XPS 等测试手段观察最佳工艺条件下制备的硅酸盐钝化膜的微观形貌，分析其元素组成、化学物质构成，进而解释硅酸盐钝化膜的成膜机理，建立硅酸盐钝化膜的成膜模型。

4.2 镀锌层在硅酸盐钝化液中的化学反应

硅酸盐钝化液中不仅含有成膜物质，还有氧化剂、成膜促进剂等多种化学成分，当镀锌层浸入钝化液中，金属/钝化液界面会发生一系列的化学反应，其中有些反应是成膜反应，这类反应导致化合物不断沉积在金属表面，促进膜的生长，在镀锌层表面形成一定厚度的钝化膜，这类反应是本书主要关注的对象，下面首先通过热力学计算推测可能发生的成膜反应。

化学反应，可以用自由能（G）状态函数的高低来判断自发反应进行的方向和平衡状态。标准自由能变化的计算公式为[146]：

$$\Delta G_T^{\ominus} = \sum_i v_i G_i^{\ominus} \tag{4-1}$$

式中，v_i 为计量系数，生成物取" + "号，反应物取" - "号；$G_i^{\ominus}$ 为物质的标准吉布斯自由能，可查表得到，或由下式计算：

$$G_i^{\ominus} = H_i^{\ominus} + TS_i^{\ominus} \tag{4-2}$$

式中　$H_i^{\ominus}$——纯物质的标准生成焓；

　　　$S_i^{\ominus}$——纯物质的标准摩尔熵。

对于一个可逆反应，当化学反应达到平衡时，其标准自由能变 $\Delta G_T^{\ominus}$ 与平衡常数 $K^{\ominus}$ 有以下关系：

$$\Delta G_T^{\ominus} = - RT\ln K^{\ominus} \tag{4-3}$$

也可表示为

$$\ln K^{\ominus} = \frac{-\Delta G_T^{\ominus}}{RT} \tag{4-4}$$

或

$$\log K^{\ominus} = \frac{-\Delta G_T^{\ominus}}{2.303RT} \tag{4-5}$$

反应的可能性取决于反应的吉布斯自由能变化 ΔG。在恒温恒压的条件下，反应系统的状态总是自发地向着吉布斯自由能减小的方向进行，直到吉布斯自由能减小到该条件下的极小值时，状态不再发生自发变化，达到平衡。如反应体系的吉布斯自由能减少，即 ΔG_{T} 为负值，$\Delta G_{\mathrm{T}} < 0$，此时 $\ln K$ 为正值，反应可自发进行。若反应体系的吉布斯自由能增大，即 ΔG_{T} 为正值，$\Delta G_{\mathrm{T}} > 0$，此时，$\ln K$ 为负值，则该反应不能自发进行。

本书计算了在 298K 下，钝化液中偏硅酸根及镀锌层可能发生的化学反应（见表 4-1）。由方程式（4-1）~（4-3）可知，SiO_3^{2-} 可与 H^+ 结合逐步生成 H_2SiO_3，继而脱水生成 SiO_2；方程式（4-4）~（4-8）表明镀锌层在钝化液中首先溶解为 Zn^{2+}，在有 OH^-、SiO_2 和 SiO_3^{2-} 的情况下，Zn^{2+} 能与其反应，分别生成 $Zn(OH)_2$、$ZnSiO_3$，而 $Zn(OH)_2$ 最终可生成锌的氧化物 ZnO。

表 4-1　镀锌层在钝化液中可能发生的化学反应（298K）

序号	化学反应	$\Delta G/\mathrm{kJ} \cdot \mathrm{mol}^{-1}$	$\ln K$
1	$SiO_3^{2-} + H^+ \rlap{=\!=\!=} HSiO_3^-$	-66.976	27.019
2	$SiO_3^{2-} + 2H^+ \rlap{=\!=\!=} H_2SiO_3$	-125.580	50.661
3	$H_2SiO_3 \rlap{=\!=\!=} SiO_2 + H_2O$	-80.622	32.524
4	$Zn + 2H^+ \rlap{=\!=\!=} Zn^{2+} + H_2$	-147.201	59.384
5	$Zn^{2+} + SiO_2 + 2OH^- \rlap{=\!=\!=} ZnSiO_3 + H_2O$	-98.402	39.697
6	$Zn^{2+} + SiO_3^{2-} \rlap{=\!=\!=} ZnSiO_3$	-144.864	58.441
7	$Zn^{2+} + 2OH^- \rlap{=\!=\!=} Zn(OH)_2$	-93.217	37.605
8	$Zn + H_2O_2 \rlap{=\!=\!=} Zn(OH)_2$	-287.477	115.973
9	$Zn(OH)_2 \rlap{=\!=\!=} ZnO + H_2O$	-2.608	1.052

4.3　硅酸盐钝化膜成膜量子化学计算

量化计算的目的是寻找势能面上的极小点，如图 4-1 所示，确定分子可能的稳定结构。势能面随着分子中原子数目的增加而迅速增加，m^{3n} 个能量值，对体系的势能面给定一个初始的结构，按照力的方向去优化，把 $3n$ 维的稳定点寻找变成近似一维的寻找，极小点满足的条件：

$$F = -\frac{\partial E}{\partial x_i} = 0, \; \frac{\partial^2 E}{\partial x_i^2} > 0 \qquad (4-6)$$

本书采用 Material Studio 计算软件，选择其中的 CASTEP（Cambridge Serial Total Energy Package）模块，该模块是基于密度泛函理论的从头算量子力学程序，其理论基础是电子密度泛函理论在局域电荷密度近似（LDA）或是广义梯度近似（GGA）的版本，通过模拟计算可以实现：计算体系的总能、进行结构

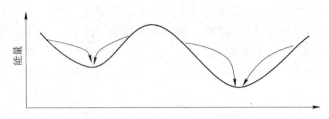

图 4 - 1　寻找势能面上的极小点

优化、在设置的温度和关联参数下考察体系中原子的运动行为、计算周期体系的弹性常数、化学反应的过渡态搜索等功能[147]。

本书计算采用广义梯度近似（GGA），梯度函数选用 PBE，实现密度泛函的方法是总能量平面波赝势方法，对于几何优化算法选用 BFGS 算法，能量的收敛精度为 2×10^{-5} eV/atom，选用 Material Studio 自带的金属 Zn 晶胞切出 Zn(100) 面，厚度为 0.5385nm，模型大小为：A × B × C = 2 × 3 × 2。为便于模型的建立，简化计算，未考虑实际金属 Zn 表面的重构和弛豫。

过渡态结构指的是势能面上反应路径上的能量最高点，它通过最小能量路径（Minimum Energy Path，简称 MEP）连接着反应物和产物的结构（如果是多步反应的机理，则这里所指反应物或产物包括中间体)[148]。对于多分子之间的反应，更确切来讲过渡态结构连接的是它们由无穷远接近后因为范德华力和静电力形成的复合物结构，以及反应完毕但尚未无限远离时的复合物结构。确定过渡态有助于了解反应机理[149]。

4.3.1　界面 pH 值上升反应的模拟

硅酸盐钝化液呈酸性，当镀锌件浸入钝化液时，镀层表面会发生电化学反应[150]形成众多腐蚀的微电池，其中，微阳极区发生锌的腐蚀溶解，微阴极区发生去极化剂 H_2O_2 的还原[151]。

阳极区：　　　　　　　　　　$Zn \longrightarrow Zn^{2+} + 2e$　　　　　　　　(4 - 7)

阴极区：　　　　　　　　$H_2O_2 + 2e \longrightarrow 2OH^-$　　　　　　　(4 - 8)

阴极上的还原反应将导致阴极区的 OH^- 离子的浓度增大，pH 值升高。下面将对微阴极区反应进行量化计算。

通过几何优化、能量计算、电子总态密度图和电子分析，探讨反应式（4 - 8）在试验条件下是否可以发生以及反应发生的历程。反应式（4 - 8）是 H_2O_2 吸附于 Zn(100) 面，得电子后转变为 OH^- 吸附于 Zn(100) 面；首先对反应物及产物进行几何优化、能量计算、电子总态密度图和电子分析，同时，探索反应的势能面需要反应过程中每一步的结构和能量的快照，尤其重要的是决定反应速度的步骤，它常常涉及到决定着令人难以捉摸的过渡态结构。

　　首先先建立反应物 H_2O_2 模型，如图 4 - 2a 所示，然后对其结构进行优化，优化后的结构如图 4 -2b 所示。

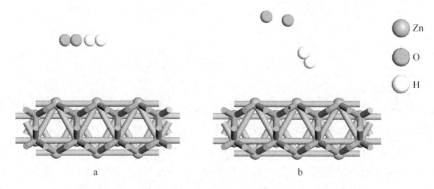

图 4 - 2　H_2O_2 在 Zn(100) 面吸附的几何优化模型

a—优化前；b—优化后

　　图 4 - 2 反映出：优化前，O 和 H 原子在同一水平面上，优化后，H 原子远离 O 原子，逐渐向锌表面靠近，此时，O—O 键键长为 0.1489nm，H—O 键键长一个为 0.3277nm，另一个 H—O 键键长为 0.3136nm。

　　图 4 - 3 是 2OH⁻ 吸附在 Zn(100) 表面经过几何优化后的模型。由图 4 - 3 可以看出，OH⁻ 在 Zn(100) 表面吸附优化前后变化很大，优化前氧原子和氢原子在同一水平面上，优化后氢离子远离 Zn(100) 表面，而氧原子则进一步靠近 Zn(100)表面，当 H_2O_2 中 O—O 键断裂后，由 O1—Zn1 键为 0.1972nm、O1—Zn2 键键长为 0.1998nm，H1—O1 键为 0.0979nm，O2—Zn3 键为 0.1976nm、O2—Zn4 键键长为 0.1957nm，H2—O2 键为 0.0968nm，表明形成的 OH⁻ 可以吸附于 Zn(100) 面，这将导致 Zn(100) 表面的 pH 值上升。

　　下面是 H_2O_2 吸附在 Zn(100) 表面，H—O 键逐渐变短，最终形成 2OH⁻ 的过渡态搜索过程。

图 4 - 3　2OH⁻ 在 Zn(100) 面吸附的几何优化模型

a—优化前；b—优化后

　　图 4-4 是 H_2O_2 吸附在 Zn(100) 面，最后转变为 $2OH^-$ 生成物的中间过渡态，其中，TS1 为 H_2O_2 在镀锌层表面吸附优化后的结构，H_2O_2 以 H 端吸附的方式吸附在锌表面，H—O 键的键长较长，分别为 0.3277nm 和 0.3136nm，此时，H_2O_2 具有的能量较高，很不稳定。为了降低体系能量，H—O 键键长逐渐变短，而 O—O 键被拉长，经过 TS2～TS9 的过渡态结构变化，最终到达 TS10。TS10 中的 2 个 H—O 键的键长变短至 0.0968nm 和 0.0979nm，O—O 键断裂，形成 2 个 OH^- 均以氧端吸附的方式吸附在 Zn(100) 表面上，其中一个 H—O 稳定吸附在 Zn(100) 面的面心立方位上，另一个 H—O 稳定吸附在 Zn(100) 面的桥位上。

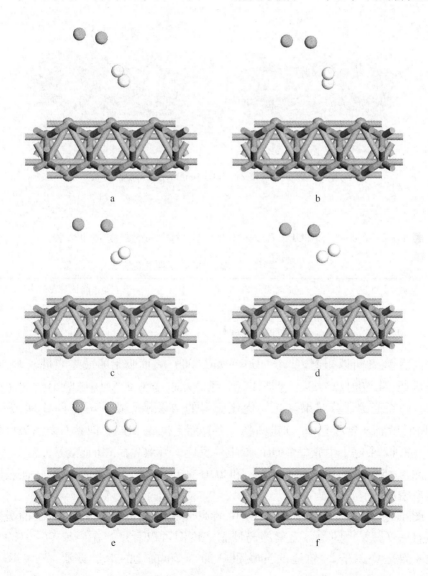

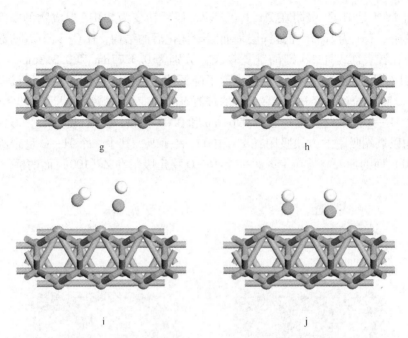

图4-4　H_2O_2 在 Zn(100) 面吸附的过渡态模型

a—TS1；b—TS2；c—TS3；d—TS4；e—TS5；f—TS6；g—TS7；h—TS8；i—TS9；j—TS10

表4-2 为 H_2O_2 和 $2OH^-$ 在 Zn(100) 面吸附的能量优化计算表。

表4-2　H_2O_2、$2OH^-$ 在 Zn(100) 面吸附的体系最终能量

吸附项目	最终能量 E/eV	反应体系能量差 $\Delta E/eV$
H_2O_2	-42080.28749888	-4.50912208
$2OH^-$	-42084.79662096	

由表4-2可以知道，2 个 OH^- 在 Zn(100) 表面吸附的最终能量较 H_2O_2 吸附能量低 $-4.50912208eV$，说明 H_2O_2 可自发转变为 2 个 OH^- 吸附在 Zn(100) 表面。体系能量计算结果与几何优化所得的结果相一致，均表明 H_2O_2 吸附在 Zn(100) 表面，会发生 O—O 键断裂，在界面上生成 OH^-，即界面微阴极区发生 H_2O_2 得到 2 个电子生成 2 个 OH^- 的电极反应，导致界面 pH 值上升。

图4-5~图4-8分别为 H_2O_2 和 $2OH^-$ 中 O、H 元素在 Zn(100) 面吸附的局域态密度图。

图4-5 和图4-6分别是 H_2O_2 中的 O 元素和 H 元素在 Zn(100) 面吸附的局域态密度图，由图中各元素的局域态密度图可以看出，在 $-22.0 \sim -20.5eV$ 区间主要是 O 原子 2s 轨道的贡献和 O 原子 2p 轨道的少量贡献；在 $-16.0 \sim$

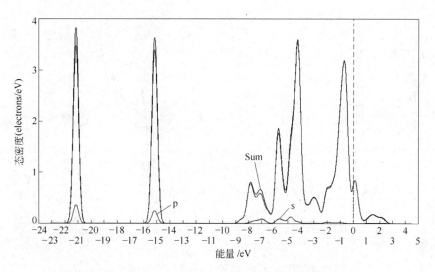

图 4 - 5　H₂O₂ 在 Zn(100) 面吸附 O 元素的局域态密度图

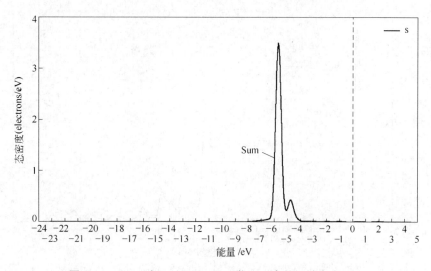

图 4 - 6　H₂O₂ 在 Zn(100) 面吸附 H 元素的局域态密度图

-14.5eV 区间主要是 O 原子的 2s 轨道的贡献和 O 原子的 2p 轨道的少量贡献；在 -9.0 ~ -6.5eV 区间主要是 O 原子的 2p 轨道贡献，同时 O 原子的 1s 轨道也有少量贡献；在 -6.5 ~ -4.0eV 区间主要是 O 原子的 2p 轨道贡献和 H 原子的 1s 轨道的贡献，同时，O 原子的 2s 轨道也有少量贡献；在 -4.0 ~ 3.0eV 区间主要是 O 原子 2p 轨道的贡献。

图 4 - 7 和图 4 - 8 是 2OH⁻ 在 Zn(100) 面吸附的局域态密度图，由 O、H 元

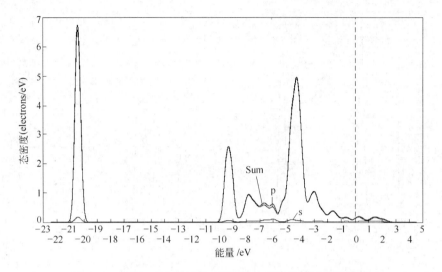

图 4 - 7　2OH⁻ 在 Zn(100) 面吸附 O 元素的局域态密度图

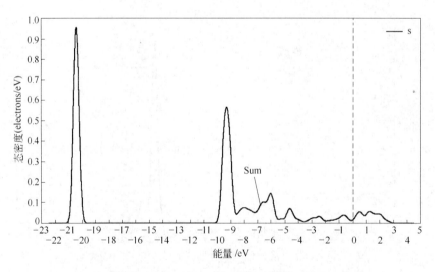

图 4 - 8　2OH⁻ 在 Zn(100) 面吸附 H 元素的局域态密度图

素的局域态密度图可以看出，在 -21.0 ~ -20.5eV 区间主要是 O 原子 2s 轨道的贡献和 H 原子的 1s 轨道的贡献，同时还有 O 原子 2p 轨道的少量贡献；在 -10.0 ~ 3.0eV 区间 O 原子 2s 轨道、2p 轨道和 H 原子的 1s 轨道均有贡献。

以图 4 - 8 中能量以费米能级为参考点，通过对 H₂O₂ 和 OH⁻ 在 Zn(100) 面吸附的电子局域态密度图的分析，在 -6.5 ~ -4.0eV 这个能量区间，H₂O₂ 相邻两个 H、O 原子的 LDOS 在这个能量区间上同时出现了尖峰，称为杂化峰，直观地展示了相邻的两个 H、O 原子之间作用较强。主要是 O 原子的 2p 轨道贡献和 H 原子的 1s 轨道的贡献，出现局域尖峰，表明电子的局域化性质很强，键相对较牢固；在 $-21.0 \sim -20.5\text{eV}$ 这个能量区间，OH^- 相邻两个 H、O 原子的 LDOS 在这个能量区间上同时出现了杂化峰，主要是 O 原子 2s 轨道的贡献和 H 原子的 1s 轨道的贡献。

接下来，我们对 Mulliken 净电荷分布及重叠电荷数分布进行分析（见表 4 - 3 和表 4 - 4）。

表 4 - 3　H_2O_2 在 Zn(100) 面吸附的 Mulliken 净电荷分布表

元　素	编　号	s	p	d	f	合　计	电荷/e
H	1	0.66	0.00	0.00	0.00	0.66	0.34
H	2	0.62	0.00	0.00	0.00	0.62	0.38
O	1	1.81	4.89	0.00	0.00	6.70	-0.70
O	2	1.88	4.86	0.00	0.00	6.74	-0.74
Zn	1	0.73	1.02	9.96	0.00	11.71	0.29
Zn	2	0.72	1.01	9.96	0.00	11.69	0.31

表 4 - 4　H_2O_2 在 Zn(100) 面吸附的重叠电荷数分布表

键	键　能	键长/nm
H1—O1	0.58	0.17236
H2—O2	0.59	0.16743
O1—Zn1	0.61	0.18977
O2—Zn2	0.32	0.21632

从 H_2O_2 在 Zn(100) 面吸附的 Mulliken 净电荷分布的情况来看：O1 和 O2 的 2s 和 2p 轨道布局数分别为 1.81、4.89 和 1.88、4.86，与成键前相比，占据 O2s 轨道的电子数有所减少，而占据 2p 轨道的电子数则明显增多，在成键过程中，部分 2s 轨道中电子跃迁到 2p 轨道中，2p 轨道参与成键，发生 sp3 杂化，O1 原子得到 0.70 个电子带负电荷，O2 原子得到 0.74 个电子带负电荷；H1 和 H2 的 1s 轨道布局数为 0.66 和 0.62，与成键前相比，占据 H 原子的 1s 轨道电子数减少，H1 原子失去 0.34 个电子带正电荷，H2 原子失去 0.38 个电子带正电荷。 Zn1 和 Zn2 的 4s、4p、3d 轨道布局数分别为 0.73、1.02、9.96 和 0.72、1.01、9.96，与成键前相比，占据 Zn4s 轨道的电子数明显减少，而 4p 电子数明显增多，3d 电子数基本不变，在成键过程中，部分 4s 轨道中电子跃迁到 4p 轨道中，使得 Zn 原子中的 4p 轨道参与成键，Zn1 失去 0.29 个电子带正电荷，Zn4 失去 0.31 个电子带正电荷。

O1 原子所得到的电子部分来源于 Zn1 原子，部分来源于 H1 原子，用于与

Zn1 原子和 H1 原子成键，O2 原子所得到的电子部分来源于 Zn2 原子，部分来源于 H2 原子，用于与 Zn2 原子和 H1 原子成键。从重叠电荷数分布可看出，O1 和 O2 原子间由于键长过长，实际上是不成键的，这说明 H_2O_2 吸附于界面上，极易发生 O—O 键断裂，最终以 OH^- 的形式吸附于界面上的；此外，O1—Zn1 键和 H1—O1 键的重叠布局数分别为 0.61 和 0.58，具有较大的重叠布局数，说明 H1—O1 键较好的吸附于 Zn1 原子上，促进界面 pH 值上升；而 O2—Zn2 重叠布局数为 0.32，H2—O2 重叠布局数为 0.59，说明 H2—O2 则更易从界面上脱附。

从 $2OH^-$ 在 Zn(100) 面吸附的 Mulliken 净电荷分布和重叠电荷数分布情况来看（见表 4-5 和表 4-6）：O1 原子得电子带 0.56 个负电荷，O2 原子得电子带 0.56 个负电荷，Zn1 原子带 0.24 个正电荷，Zn2 原子带 0.27 个正电荷，H1 原子和 H2 原子带 0.37 和 0.38 个正电荷，所形成的 H1—O1、H2—O2、O1—Zn1、O2—Zn2 键的重叠电荷数分别为 0.54、0.53、0.51、0.54，说明 H_2O_2 中 O—O 键断裂后所形成的 OH^- 能较稳定的吸附于界面，OH^- 吸附的结果则导致界面 pH 值上升。

表 4-5　$2OH^-$ 在 Zn(100) 面的吸附 Mulliken 净电荷分布表

元　素	编　号	s	p	d	f	合　计	电荷/e
H	1	0.63	0.00	0.00	0.00	0.63	0.37
H	2	0.62	0.00	0.00	0.00	0.62	0.38
O	1	1.89	4.68	0.00	0.00	6.56	-0.56
O	2	1.94	4.62	0.00	0.00	6.56	-0.56
Zn	1	0.78	1.02	9.96	0.00	11.76	0.24
Zn	2	0.81	0.96	9.96	0.00	11.73	0.27

表 4-6　$2OH^-$ 在 Zn(100) 面吸附的重叠电荷数分布表

键	键　能	键长/nm
H1—O1	0.54	0.09689
H2—O2	0.53	0.09793
O1—Zn1	0.51	0.19722
O2—Zn2	0.54	0.19703

综上所述，H_2O_2 加入到处理液中，H_2O_2 与镀锌表面的 Zn 成键，从而导致 H_2O_2 采用氢端为吸附点倾斜吸附在镀锌层表面，从结构优化的结果来看，由于 O—O 不牢固，故 H_2O_2 吸附于镀锌层表面是一个不稳定的过程，易发生 O—O 键断裂，从而生成 OH^-；对比 H_2O_2 及 OH^- 在 Zn(100) 面吸附的能量关系，说明吸附于锌表面的 H_2O_2 是可以转化为 OH^- 而吸附于锌表面的，这就导致了镀锌层表面 pH 值上升，有利于提供成膜反应所需的 OH^-；从电子态密度图看，

H_2O_2 及 OH^- 在 Zn(100) 面吸附体系中所形成的 O—Zn 键和 H—O 键主要为共价键，其中 H—O 键明显强于 O—Zn 键，这样的结果利于 H_2O_2 还原得到的 OH^- 从镀锌层表面脱附，以实现 OH^- 参与成膜反应。

4.3.2 $Zn(OH)_2$ 脱水反应的模拟

微电池阳极表面产生的 Zn^{2+} 与 OH^- 发生反应，生成 $Zn(OH)_2$。热力学计算表明，$Zn(OH)_2$ 脱水生成锌的氧化物 ZnO。下面探讨 $Zn(OH)_2$ 的脱水反应。

$$Zn(OH)_2 \longrightarrow ZnO + H_2O \tag{4-9}$$

首先对 $Zn(OH)_2$ 在 Zn(100) 面的吸附进行结构优化。

从图 4-9 可看出，$Zn(OH)_2$ 可以稳定吸附在金属/钝化液界面上，经过几何优化后得到的模型中我们可以看出（见图 4-10）：Zn 原子处于两个 OH^- 之间，两个 H—O 键键长都为 0.0971nm，O—Zn 键键长分别为 0.1976nm 和 0.1864nm，$Zn(OH)_2$ 中的 Zn 与 Zn(100) 面中 Zn 原子间 Zn—Zn 键键长分别为 0.0637nm、0.0751nm，θ_{OZnO} 键键角为 121.563°。

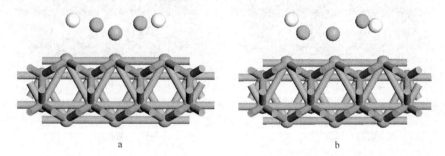

图 4-9　$Zn(OH)_2$ 在 Zn(100) 面吸附的几何优化模型

a—优化前；b—优化后

从 $ZnO + H_2O$ 在 Zn(100) 面吸附的几何优化模型图来看：ZnO 和 H_2O 可吸附在 Zn(100) 面上，其中 O—Zn 键键长为 0.2082nm，O—H 键键长分别为 0.0986nm 和 0.0977nm，θ_{HOH} 键键角为 105.734°，此时，ZnO 和 H_2O 可吸附在 Zn(100) 面上。

下面是 $Zn(OH)_2$ 吸附在 Zn(100) 面上并最终转化为 $ZnO + H_2O$ 过渡态模型的搜索过程。

图 4-11 是 $Zn(OH)_2$ 吸附在 Zn(100) 面，最后转变为 $ZnO + H_2O$ 中间生成物的过渡态，其中，TS1 为 $Zn(OH)_2$ 在镀锌层表面吸附优化后的结构，$Zn(OH)_2$ 的 Zn 原子与 Zn(100) 面的 Zn 成键吸附在镀锌层表面，Zn-Zn 键的键长为 0.2637nm 和 0.2751nm，此时，$Zn(OH)_2$ 具有较高的能量，其中 H1 原子

图 4 – 10　ZnO + H_2O 在 Zn(100) 面吸附的几何优化模型

a—优化前；b—优化后

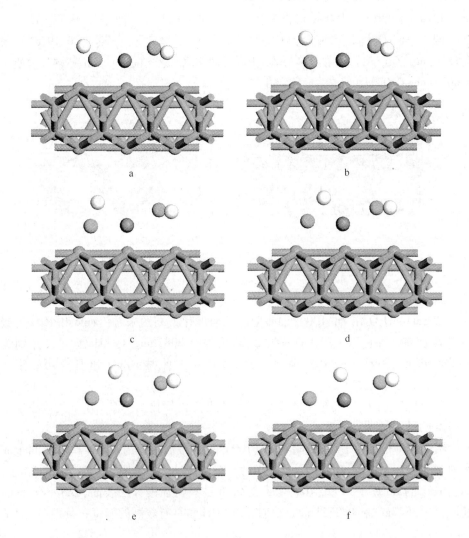

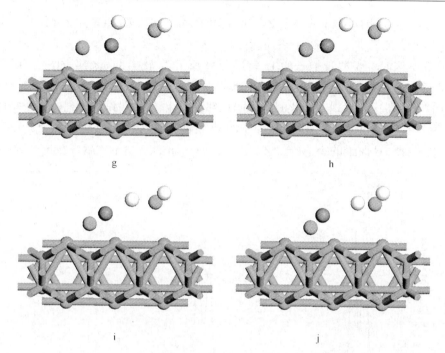

图 4 - 11 Zn(OH)$_2$ 在 Zn(100) 面吸附的过渡态模型

a—TS1；b—TS2；c—TS3；d—TS4；e—TS5；f—TS6；g—TS7；h—TS8；i—TS9；j—TS10

同与之相连的 O1 原子之间键长变长，同时向另一个 O2 原子移动，最终 H1—O1 键断裂，H1 原子与 O2 原子成键，而后 H1—O2 键逐渐变短，与另一个 O2—H2 键结合形成 H$_2$O 稳定吸附在 Zn(100) 面的面心立方位上。与此同时，O1—Zn 键逐渐变短，形成 ZnO 稳定吸附在 Zn(100) 面的桥位上。

对 Zn(OH)$_2$、ZnO + H$_2$O 在 Zn(100) 面吸附的体系能量的计算结果如表 4-7 所示。

表 4-7 Zn(OH)$_2$、ZnO + H$_2$O 在 Zn(100) 面吸附的体系最终能量

吸附项目	最终能量 E/eV	反应体系能量差 ΔE/eV
Zn(OH)$_2$	-43799. 78315319	-0. 20289321
ZnO + H$_2$O	-43799. 98604640	

表 4-7 为 Zn(OH)$_2$、ZnO + H$_2$O 在 Zn(100) 面吸附的能量优化计算表，结果表明：ZnO + H$_2$O 的最终能量为 -43799.98604640eV，Zn(OH)$_2$ 的最终能量为 -43799.78315319eV，ZnO + H$_2$O 的能量略低于 Zn(OH)$_2$ 的能量，从能量的角度看，界面上 Zn(OH)$_2$ 可以自发脱水生成 ZnO。

然后对 Zn(100) 面吸附的各个原子的局域态密度图进行分析。

　　图 4 – 12 ~ 图 4 – 14 分别是 Zn(OH)₂ 中的 H、O 和 Zn 原子在 Zn(100) 面吸附的局域态密度图，由图中各元素的局域态密度图可以看出，在 – 21.0 ~ – 19.0eV 区间主要是 H 原子的 1s 轨道和 O 原子 2s 轨道的贡献，同时，O 原子 2p 轨道和 Zn 原子的 4s、3p、3d 轨道都有少量贡献，此时相邻的 H 原子和 O 原子在这个能量区间出现了杂化峰，说明相邻的 H 和 O 之间作用很强，结合牢固；在 – 9.5 ~ – 5.5eV 区间主要是 H 原子的 1s 轨道、O 原子 2p 轨道和 Zn 原子的 3d 轨道的贡献，O 原子的 2s 轨道、Zn 原子的 4s、3p 也有少量贡献，在这个能量区

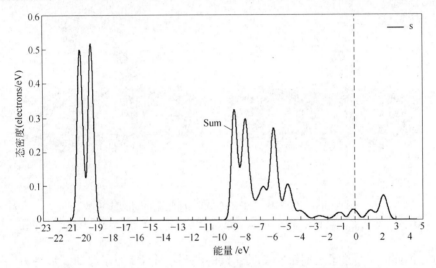

图 4 – 12　Zn(OH)₂ 在 Zn(100) 面吸附 H 元素的局域态密度图

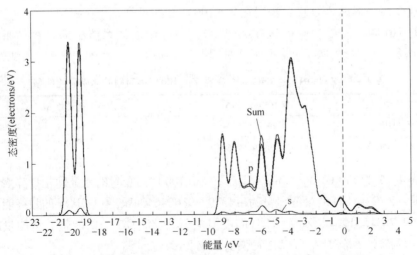

图 4 – 13　Zn(OH)₂ 在 Zn(100) 面吸附 O 元素的局域态密度图

间有很大的尖峰，它主要是由 d 带对态密度的贡献，说明 d 电子相对比较局域，成键较弱，由于赝势计算中涉及到的 d 带仅有 Zn 的 3d 带，这表明 O—Zn 键也主要是 s 轨道和 p 轨道重叠成键；在 -5.5 ~ -2.0eV 区间主要是 O 原子的 2p 轨道贡献，同时 H 原子的 1s 轨道、O 原子的 2s 轨道和 Zn 原子的 4s、3p、3d 轨道都有少量贡献；在 -2.0 ~ 3.0eV 区间 H 原子的 1s 轨道、O 原子 2s、2p 轨道和 Zn 原子的 4s、3p、3d 轨道都有贡献，但贡献都不大。

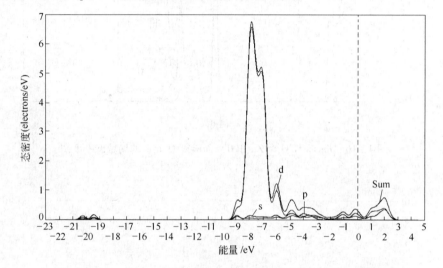

图 4 - 14　Zn(OH)$_2$ 在 Zn(100) 面吸附 Zn 元素的局域态密度图

　　图 4 - 15 ~ 图 4 - 17 分别是 ZnO + H$_2$O 中的 H、O 和 Zn 原子在 Zn(100) 面吸附的局域态密度图，由图中各元素的局域态密度图可以看出，在 - 23.0 ~

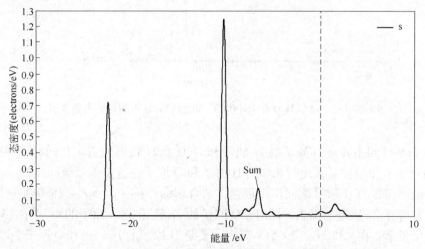

图 4 - 15　ZnO + H$_2$O 在 Zn(100) 面吸附 H 元素的局域态密度图

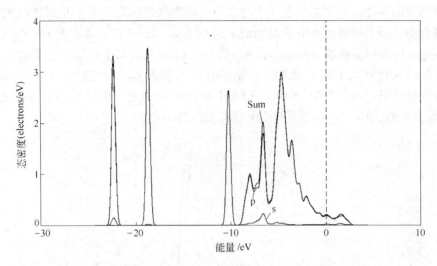

图 4 – 16　ZnO + H₂O 在 Zn(100) 面吸附 O 元素的局域态密度图

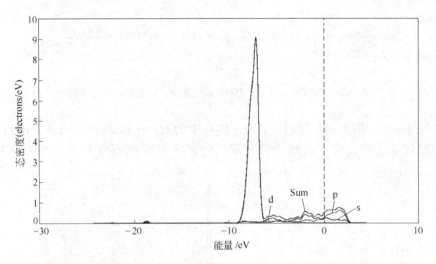

图 4 – 17　ZnO + H₂O 在 Zn(100) 面吸附 Zn 元素的局域态密度图

－21.5eV 区间主要是 H 原子的 1s 轨道和 O 原子 2s 轨道的贡献，同时，O 原子 2p 轨道也有少量贡献，此时相邻的 H 原子和 O 原子在这个能量区间出现了杂化峰，说明相邻的 H 和 O 之间作用很强，结合牢固；在 －19.5 ~ －18.0eV 区间主要是 O 原子 2s 轨道的贡献，同时，O 原子的 2p 轨道、Zn 原子的 4s、3p、3d 也有少量贡献；在 －11.0 ~ －9.5eV 区间主要是 H 原子的 1s 轨道和 O 原子 2p 轨道的贡献；在 －9.5 ~ －6.0eV 区间主要是 O 原子 2p 轨道和 Zn 原子 3d 轨道的贡献，H 原子的 1s 轨道也有少量贡献；在 $-6.0 \sim 3.0$eV 区间主要是 O 原子的 2s 轨道的贡献，同时，H 原子的 1s 轨道和 Zn 原子的 4s、3p 轨道都有少量贡献。

通过对 $Zn(OH)_2$ 和 $ZnO + H_2O$ 在 $Zn(100)$ 面吸附的电子局域态密度图的分析，赝能隙较宽，说明该体系成键具有较强的共价性。

最后对 $Zn(OH)_2$ 和 $ZnO + H_2O$ 在 $Zn(100)$ 面吸附的 Mulliken 净电荷分布和重叠电荷数分布进行讨论。

从 $Zn(OH)_2$ 在 $Zn(100)$ 面吸附的 Mulliken 净电荷分布和重叠电荷数分布情况来看（见表 4 - 8 和表 4 - 9）：O1 原子的电子带 0.82 个负电荷，O2 原子的电子带 0.82 个负电荷，H1 原子带 0.38 个正电荷，H2 原子带 0.39 个正电荷，Zn1 原子带 0.43 个正电荷，Zn2 原子带 0.10 个负电荷，所形成的 Zn1—Zn2 键的重叠电荷数为 0.66，Zn1—Zn3 键的重叠电荷数为 0.69，表明 $Zn(OH)_2$ 较稳定地吸附于界面上，与此同时，O1—Zn1 键和 O2—Zn1 键的重叠电荷数为 0.42 和 0.43，这利于 $Zn(OH)_2$ 在后期发生脱水，生成氧化锌。

表 4 - 8 $Zn(OH)_2$ 在 $Zn(100)$ 面吸附的 Mulliken 净电荷分布表

元　素	编　号	s	p	d	f	合　计	电荷/e
H	1	0.62	0.00	0.00	0.00	0.62	0.38
H	2	0.61	0.00	0.00	0.00	0.61	0.39
O	1	1.83	4.99	0.00	0.00	6.82	-0.82
O	2	1.83	4.99	0.00	0.00	6.82	-0.82
Zn	1	0.51	1.09	9.96	0.00	11.57	0.43
Zn	2	0.92	1.21	9.97	0.00	12.10	-0.10

表 4 - 9 $Zn(OH)_2$ 在 $Zn(100)$ 面吸附的重叠电荷数分布表

键	键　能	键长/nm
H1—O1	0.63	0.09712
H2—O2	0.63	0.09711
O1—Zn1	0.42	0.19761
O2—Zn1	0.43	0.18649
Zn1—Zn2	0.66	0.26371
Zn1—Zn3	0.69	0.27513

从 $Zn(OH)_2$ 在 $Zn(100)$ 面吸附的 Mulliken 净电荷分布数可得出：Zn1 带 0.51 个正电荷，主要与带 0.10 个负电荷的 Zn2、带 0.82 个负电荷的 O1 和带 0.82 个负电荷的 O2 成键，而 O1 和 O2 又分别主要与带 0.38 个正电荷的 H1 和带 0.39 个正电荷的 H2 及 Zn1 成键，通过这样的成键方式，$Zn(OH)_2$ 可稳定的

吸附在 Zn(100) 面。从重叠布局数来看，Zn(OH)$_2$ 能较稳定的吸附于 Zn(100) 面，其中 Zn1—Zn2、Zn1—Zn3、O1—Zn1、O2—Zn1、H1—O1、H2—O2 的重叠布局数分别为：0.66、0.69、0.42、0.43、0.63、0.63，均具有较大的重叠布局数。

从 ZnO + H$_2$O 在 Zn(100) 面吸附的 Mulliken 净电荷分布及重叠布局数分布可得出（见表 4 – 10 和表 4 – 11）：O1 的 2s 和 2p 轨道布局数分别为 1.84、4.97，与成键前相比，占据 O2s 轨道的电子数有所减少，而占据 2p 轨道的电子数则明显增多，O1 原子得到 0.80 个电子带负电荷，O1 原子所得的电子主要来源于 H1 和 H2，其中 H1 的 1s 轨道布局数为 0.62，失去 0.38 个电子带正电，而 H2 的 1s 轨道布局数为 0.63，失去 0.37 个电子带正电，表明 O1 可与 H1、H2 很好的成键，从而吸附在 Zn(100) 面。O2 得到 0.73 个电子带负电荷，O2 原子的电子主要来源于：Zn1、Zn2，O2—Zn1 键重叠布局数为 0.42，O2—Zn2 键重叠布局数为 0.39，ZnO 可较好的吸附于 Zn(100) 面。

表 4 – 10　ZnO + H$_2$O 在 Zn(100) 面吸附的 Mulliken 净电荷分布表

元　素	编　号	s	p	d	f	合　计	电荷/e
H	1	0.62	0.00	0.00	0.00	0.62	0.38
H	2	0.63	0.00	0.00	0.00	0.63	0.37
O	1	1.84	4.97	0.00	0.00	6.80	− 0.80
O	2	1.89	4.84	0.00	0.00	6.73	− 0.73
Zn	1	0.52	1.11	9.97	0.00	11.59	0.41
Zn	2	0.69	1.18	9.97	0.00	11.84	0.16

表 4 – 11　ZnO + H$_2$O 在 Zn(100) 面吸附的重叠电荷数分布表

键	键　能	键长/nm
H1—O1	0.65	0.097734
H2—O2	0.66	0.098600
O2—Zn1	0.42	0.195016
O2—Zn2	0.39	0.200223
H1—H2	− 0.13	0.156525

模拟 Zn(OH)$_2$ 的脱水反应表明：Zn(OH)$_2$ 通过形成稳定的 Zn—Zn 键，可稳定的吸附在 Zn(100) 面；与此同时，O1—Zn1 键和 O2—Zn1 键的重叠电荷数较小，这利于 Zn(OH)$_2$ 后期在 Zn(100) 界面上发生脱水反应，生成氧化锌。

4.3.3　ZnSiO$_3$ 生成反应的模拟

镀锌层硅酸盐钝化成膜反应热力学计算结果表明，微电池阳极溶解的锌离子可能与二氧化硅胶体和氢氧根生成硅酸锌不溶物，下面讨论 $ZnSiO_3$ 在实验条件下是否能够生成，以及其反应历程。

$$Zn^{2+} + SiO_2 + 2OH^- \longrightarrow ZnSiO_3 + H_2O \tag{4-10}$$

4.3.3.1 几何优化

图 4-18 为 $Zn^{2+} + SiO_2 + 2OH^-$ 在 Zn(100) 面吸附的结构优化图。

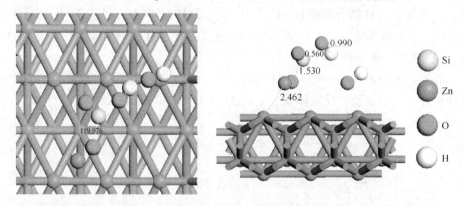

图 4-18 $Zn^{2+} + SiO_2 + 2OH^-$ 在 Zn(100) 面吸附的几何优化模型

由图 4-18 可以看出：SiO_2 分子中的两个 Si—O 键键长分别为 0.1624nm 和 0.1593nm，θ_{OSiO} 为 119.976°，两个 H—O 键键长分别为 0.0961nm 和 0.0969nm，吸附在 Zn(100) 面的面心立方位上，Zn 原子与镀锌层的距离为 0.2462nm。

图 4-19 为 $ZnSiO_3 + H_2O$ 在 Zn(100) 面吸附的结构优化图，由图中可以看出：三个 Si—O 键键长分别为 0.1581nm、0.1506nm 和 0.1613nm，θ_{OSiO} 分别为 128.239°、128.178° 和 103.365°，平行吸附在 Zn(100) 面的顶位上，两个 H—O 键键长分别为 0.0996nm 和 0.0983nm，θ_{HOH} 为 108.776°。

下面是 $Zn^{2+} + SiO_2 + 2OH^-$ 吸附在 Zn(100) 面上并最终转化为 $ZnSiO_3 + H_2O$

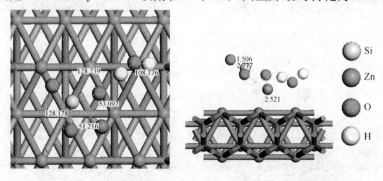

图 4-19 $ZnSiO_3 + H_2O$ 在 Zn(100) 面吸附的几何优化模型

过渡态模型的搜索过程。

　　由图 4 - 20 可以看出，初始态时 Si 与两个 O 成键，两个 Si—O 键键长分别为 0.1530nm 和 0.1560nm，θ_{OSiO} 为 119.976°，两个 H—O 键键长分别为 0.0961nm 和 0.0969nm。在过渡态搜索过程中其中一个 H—O 键不断变长，直至断裂，断裂后的 O 向 SiO_2 移动，并与 Si 形成 Si—O 键，断裂后的 H 向 H—O 移动，并与其中的 O 结合形成 H—O，此时 θ_{HOH} 为 108.776°。最终，Si 与三个 O 形成 SiO_3^{2-} 并与界面溶解产生的 Zn^{2+} 结合生成 $ZnSiO_3$，H 与 H—O 结合生成 H_2O。

4.3.3.2　能量计算

　　表 4 - 12 为 $Zn^{2+} + SiO_2 + 2OH^-$ 和 $ZnSiO_3 + H_2O$ 在 Zn(100) 面吸附的能量优化计算表，结果表明：反应体系能量差 $\Delta E < 0$，反应可以自发进行。

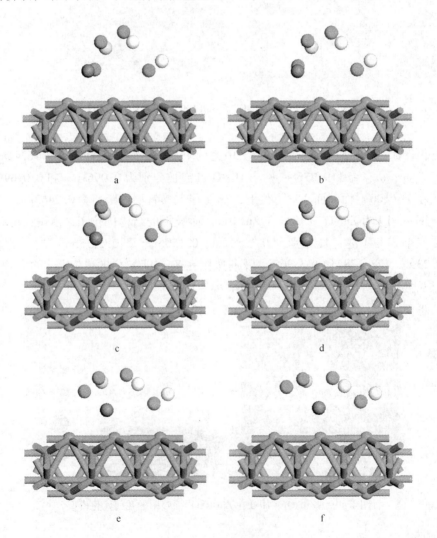

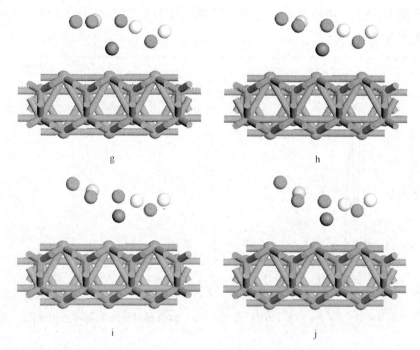

图 4 - 20　$Zn^{2+}+SiO_2+2OH^-$ 在 Zn(100) 面吸附的过渡态模型

a—TS1；b—TS2；c—TS3；d—TS4；e—TS5；f—TS6；g—TS7；h—TS8；i—TS9；j—TS10

表 4 - 12　$Zn^{2+}+SiO_2+2OH^-$ 和 $ZnSiO_3+H_2O$ 在 Zn(100) 面吸附的体系最终能量

吸 附 项 目	最终能量 E/eV	反应体系能量差 $\Delta E/eV$
$Zn^{2+}+SiO_2+2OH^-$	-43066. 75470296	
$ZnSiO_3+H_2O$	-43070. 43031057	-3. 67560761

4.3.3.3　态密度

图 4 - 21 ~ 图 4 - 24 是 $Zn^{2+}+SiO_2+2OH^-$ 在 Zn(100) 面吸附的局域态密度图，由图中各元素的局域态密度图可以看出，在 -22.5 ~ -20.5eV 区间主要是 H 原子 1s 轨道、O 原子 2s 轨道和 Si 原子 3s、3p 轨道贡献，同时 O 原子的 2p 轨道也有少量贡献；在 -20.5 ~ -18.5eV 区间主要是 O 原子 2s 轨道和 Si 原子 3s、3p 轨道贡献，同时 H 原子的 1s 轨道和 O 原子的 2p 轨道也有少量贡献；在 -11.0 ~ -9.0eV 区间主要是 H 原子 1s 轨道、O 原子 2p 轨道和 Si 原子 3s、3p 轨道贡献，同时 O 原子的 2s 轨道也有少量贡献；在 -9.0 ~ -6.0eV 区间主要是 O 原子 2p 轨道、Si 原子 3p 轨道和 Zn 原子的 3d 轨道的贡献，同时 H 原子的 1s 轨道、O 原子的 2s 轨道、Si 原子的 3s 轨道和 Zn 原子的 4s、3p 轨道也有少量贡献；在 -6.0 ~ 3.0eV 区间主要是 O 原子 2p 轨道和 Si 原子 3p 轨道的贡献，同时

H 原子的 1s 轨道、O 原子的 2s 轨道、Si 原子的 3s 轨道和 Zn 原子的 4s、3p 轨道
也有少量贡献。

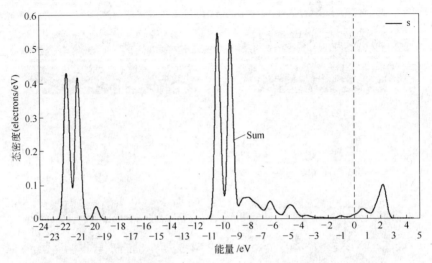

图 4 – 21　$Zn^{2+} + SiO_2 + 2OH^-$ 在 Zn（100）面吸附 H 元素的局域态密度图

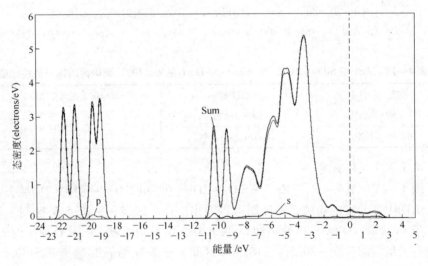

图 4 – 22　$Zn^{2+} + SiO_2 + 2OH^-$ 在 Zn（100）面吸附 O 元素的局域态密度图

图 4 – 25 ~ 图 4 – 28 是 $ZnSiO_3 + H_2O$ 在 Zn（100）面吸附各元素的局域态密
度图，由图可以看出，在 – 22.5 ~ – 21.0eV 区间主要是 H 原子 1s 轨道的贡献，
同时 O 原子的 2s 轨道和 Si 的 3p 轨道也有少量贡献；在 – 20.5 ~ – 19.5eV 区间
主要是 O 原子 2s 轨道和 Si 原子 3s 轨道贡献，同时 H 原子的 1s 轨道、O 原子的

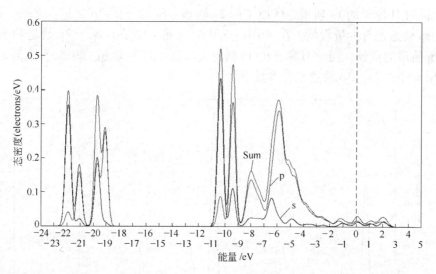

图 4 - 23　Zn²⁺ + SiO₂ + 2OH⁻ 在 Zn(100) 面吸附 Si 元素的局域态密度图

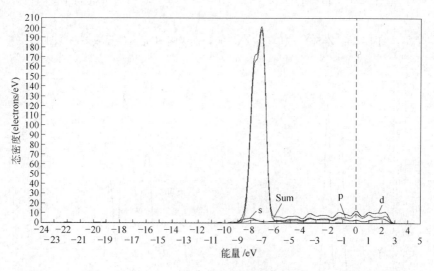

图 4 - 24　Zn²⁺ + SiO₂ + 2OH⁻ 在 Zn(100) 面吸附 Zn 元素的局域态密度图

2p 轨道和 Si 原子的 3p 轨道也有少量贡献；在 - 19.5 ～ - 18.0eV 区间主要是 O 原子 2s 轨道和 Si 原子 3p 轨道贡献，同时 H 原子 1s 轨道、O 原子的 2p 轨道和 Si 原子的 3s 轨道也有少量贡献；在 - 11.0 ～ - 9.5eV 区间主要是 H 原子 1s 轨道的贡献，同时 O 原子的 2p 轨道和 Si 原子的 3s、3p 轨道也有少量贡献；在 - 9.0 ～ - 6.0eV 区间主要是 O 原子 2p 轨道、Si 原子 3s 轨道和 Zn 原子的 3d 轨道的贡献，同时 H 原子的1s 轨道、O 原子的2s 轨道、Si 原子的3p 轨道和 Zn 原子的 4s、3p 轨道也有少量贡献；在 -6.0~3.0eV 区间主要是 O 原子2p 轨道和 Si 原子3p 轨道的贡献，同时 H 原子的1s 轨道、O 原子的2s 轨道、Si 原子的3s 轨道和 Zn 原子的4s、3p 轨道也有少量贡献。

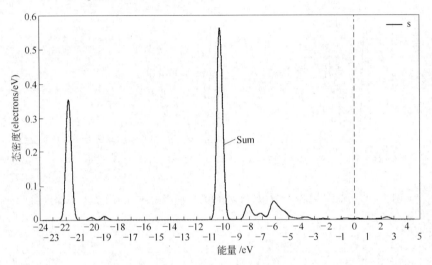

图 4-25 $ZnSiO_3 + H_2O$ 在 Zn(100) 面吸附 H 元素的局域态密度图

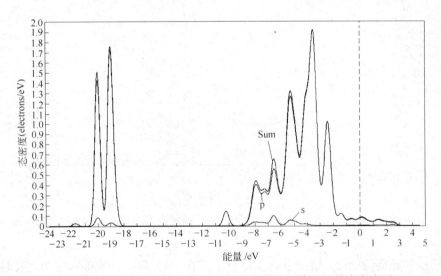

图 4-26 $ZnSiO_3 + H_2O$ 在 Zn(100) 面吸附 O 元素的局域态密度图

通过对 $Zn^{2+} + SiO_2 + 2OH^-$ 和 $ZnSiO_3 + H_2O$ 在 Zn(100) 面吸附的电子局域态密度图的分析，赝能隙较宽，说明体系成键具有较强的共价性。

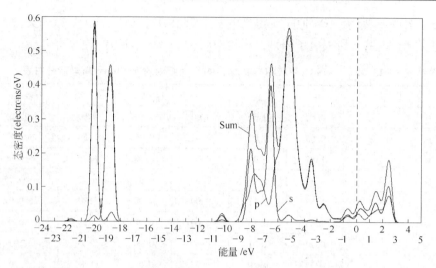

图 4 – 27　ZnSiO$_3$ + H$_2$O 在 Zn(100) 面吸附 Si 元素的局域态密度图

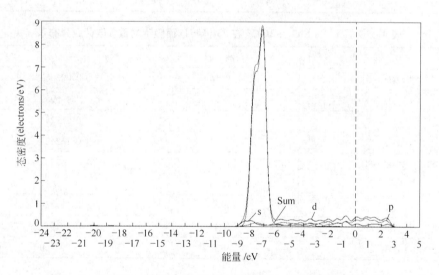

图 4 – 28　ZnSiO$_3$ + H$_2$O 在 Zn(100) 面吸附 Zn 元素的局域态密度图

4.3.3.4　电子分析

Zn^{2+} + SiO$_2$ + 2OH$^-$ 在 Zn(100) 面吸附的 Mulliken 净电荷分布及重叠电荷数分布表（见表 4 – 13 和表 4 – 14）反映出，O1、O2、O3 和 O4 的 2s 和 2p 轨道布局数分别为 1.87、5.09，1.87、5.07，1.82、5.11 和 1.83、5.16，与成键前相比，O2s 轨道占据的电子数有所减少，而占据 2p 轨道的电子数则明显增多，在成键过程中，部分 2s 轨道中的电子跃迁到 2p 轨道中，2p 轨道参与成键，发生sp3 杂化。O3 和 O4 分别得到 0.92 和 0.99 个电子带负电荷，O3 原子所得的电子来源于 H1，Si 原子，O4 原子所得的电子来源于 H2，Si 原子，Si 原子失去 1.95 个电子带正电荷，所失电子分别分配给 O1、O2、O3、O4 原子。

表 4 – 13　$Zn^{2+}+SiO_2+2OH^-$ 在 Zn(100) 面吸附的 Mulliken 净电荷分布表

元　素	编　号	s	p	d	f	合　计	电荷/e
H	1	0.60	0.00	0.00	0.00	0.60	0.40
H	2	0.63	0.00	0.00	0.00	0.63	0.37
O	1	1.87	5.09	0.00	0.00	6.96	− 0.96
O	2	1.87	5.07	0.00	0.00	6.93	− 0.93
O	3	1.82	5.11	0.00	0.00	6.92	− 0.92
O	4	1.83	5.16	0.00	0.00	6.99	− 0.99
Si	1	0.74	1.31	0.00	0.00	2.05	1.95
Zn	1	0.73	1.10	9.97	0.00	11.80	0.20
Zn	2	0.72	1.12	9.97	0.00	11.80	0.20

表 4 – 14　$Zn^{2+}+SiO_2+2OH^-$ 在 Zn(100) 面吸附的重叠电荷数分布表

键	键 能	键长/nm
H1—O4	0.66	0.096062
H2—O3	0.71	0.096939
O1—Si1	0.72	0.159254
O2—Si1	0.61	0.162423
O3—Si1	0.57	0.162407
O4—Si1	0.44	0.168617
Si1—Zn1	0.67	0.291289
O3—Zn2	0.45	0.201414
O4—Zn3	0.38	0.202460

从 $Zn^{2+}+SiO_2+2OH^-$ 在 Zn(100) 面吸附的重叠布局数来看：O1—Si1、O2—Si1 的重叠布局数都较大，Si 原子与 O1、O2 可以很好的成键，同时 O3—Si1 的重叠布局数也相对较大，因此，O3 原子有与 Si1 原子成键的倾向，从而在 Zn(100)面上形成 SiO_3^{2-}，并与界面溶解产生的 Zn^{2+} 共同形成 $ZnSiO_3$。

$ZnSiO_3+H_2O$ 在 Zn(100) 面吸附的 Mulliken 净电荷分布及重叠电荷数分布表（见表 4 – 15 和表 4 – 16）反映出，O1、O2、O3 和 O4 的 2s 和 2p 轨道布局数分别为 1.90、5.02，1.88、5.07，1.88、5.08 和 1.80、5.02，与成键前相比，O2s 轨道占据的电子数有所减少，而占据 2p 轨道的电子数则明显增多，在成键过程中，部分 2s 轨道中电子跃迁到 2p 轨道中，2p 轨道参与成键，发生 sp3 杂化。Si 原子失去 1.74 个电子带正电荷, 所失电子分别分配给 O1、O2 和 O3 原子, 从而在 Zn(100) 面上形成 SiO_3^{2-}, 并与界面溶解产生的 Zn^{2+} 共同形成 $ZnSiO_3$。从 $ZnSiO_3 + H_2O$ 在 Zn(100) 面吸附的重叠布局数来看: H1—O4 和 H2—O4 的重叠布局数都较大, 因此, H1 和 H2 原子分别与 O4 原子成键, 结合并生成 H_2O。

表 4 – 15 $ZnSiO_3 + H_2O$ 在 Zn(100) 面吸附的 Mulliken 净电荷分布表

元　素	编　号	s	p	d	f	合　计	电荷/e
H	1	0.60	0.00	0.00	0.00	0.60	0.40
H	2	0.59	0.00	0.00	0.00	0.59	0.41
O	1	1.90	5.02	0.00	0.00	6.92	− 0.92
O	2	1.88	5.07	0.00	0.00	6.95	− 0.95
O	3	1.88	5.08	0.00	0.00	6.96	− 0.96
O	4	1.80	5.02	0.00	0.00	6.82	− 0.82
Si	1	0.79	1.47	0.00	0.00	2.26	1.74
Zn	1	0.65	1.12	9.97	0.00	11.74	0.26
Zn	2	0.67	1.18	9.96	0.00	11.81	0.19

表 4 – 16 $ZnSiO_3 + H_2O$ 在 Zn(100) 面吸附的重叠电荷数分布表

键	键　能	键长/nm
H1—O4	0.65	0.098265
H2—O4	0.64	0.099581
O1—Si1	0.77	0.158146
O2—Si1	0.69	0.150665
O3—Si1	0.67	0.161330
Si1—Zn1	0.15	0.266470

$Zn^{2+} + SiO_2 + 2OH^-$ 和 $ZnSiO_3 + H_2O$ 在 Zn(100) 面吸附的量子化学计算表明, 当界面环境中出现 OH^- 的情况下, OH^- 会对界面上吸附的 SiO_2 产生影响, 在 OH^- 的作用下, SiO_2 与 H—O 键发生断裂形成的 O 结合形成 SiO_3^{2-}, 并与界面溶解产生的 Zn^{2+} 共同形成 $ZnSiO_3$, 剩余的一个 H 向邻近 OH^- 的顶位移动并与之结合形成 H_2O。

4.4 成膜过程电化学反应

4.4.1 开路电位 – 时间曲线

硅酸盐钝化过程是镀锌层浸入硅酸盐钝化液中发生的电化学反应过程, 镀锌层的溶解和钝化膜的生成会使溶液的电位发生相应的变化，通过记录钝化过程开路电位随时间变化的曲线可以清楚地了解硅酸盐钝化膜成膜速率的变化。

电化学测试在上海辰华生产的 CHI660C 型电化学工作站上进行，装置示意如图 4-29 所示。测试溶液为硅酸盐钝化液，研究电极为镀锌钢板，参比电极为饱和甘汞电极，浸于饱和 KCl 溶液中通过盐桥与钝化液相连接。待测电极切割成 10mm×50mm 条状，厚度为 2mm，使用焊锡与铜导线紧密连接以便于进行电化学测量，除保留 1cm^2 正方形作为测试面外，一端用环氧树脂密封，一端接测试仪研究电极接口，如图 4-30 所示，测试面经水磨砂纸逐级打磨、无水乙醇除油并清洗后采用传统氯化钾镀锌工艺镀锌，然后进行硅酸盐钝化，钝化后试样用吹风机吹干，老化 24h 后进行测试。

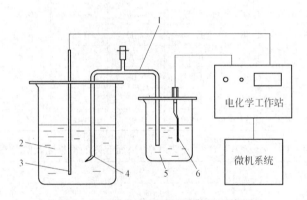

图 4-29　电化学测试试验装置示意图

1—盐桥；2—硅酸盐钝化液；3—镀锌钢板；4—鲁金毛细管；5—饱和 KCl 溶液；6—参比电极

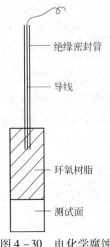

图 4-30　电化学腐蚀
测试试样简图

图 4-31 为镀锌层浸入硅酸盐钝化液中开路电位随时间变化的曲线。从图中我们可以看出，当镀锌试样浸入到硅酸盐钝化液中时，检测到开路电位随着时间的延长而升高，这表明钝化膜的形成在一开始就发生了。在 0~30s 内开路电位呈迅速增长的趋势，此时间段内钝化膜的成膜反应占主导地位，成膜速度很快，迅速在镀层表面形成钝化膜；在 30~120s 的时间内，电位仍在上升，但变化速率降低，此时钝化膜的厚度还在增长，但增长速度减慢；在 120~300s 的时间内，电位上升趋势变得更为缓慢，钝化膜的成膜过程与溶解过程并存，由于溶解反应的不均匀性，容易出现硅酸盐钝化膜的堆积现象，此时不会形成很好的钝化膜，因此钝化时间过长会导致钝化膜的耐蚀性下降。

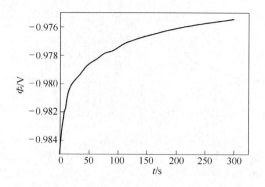

图 4 – 31 硅酸盐钝化液钝化过程 $\Phi - t$ 曲线

4.4.2 成膜时间对 Tafel 曲线的影响

为了进一步验证钝化时间对硅酸盐钝化膜耐蚀性能的影响，下面测量不同处理时间所得钝化膜膜层在 5% NaCl 溶液中的 Tafel 曲线。采用三电极体系，参比电极用饱和甘汞电极，辅助电极用面积为 $1cm^2$ 的铂电极，工作电极为不同钝化时间后所得硅酸盐钝化膜试样，动电位扫描方式，扫描速度为 1mV/s。图 4 – 32 为不同钝化时间所得镀锌硅酸盐钝化膜的阳极极化曲线。

从图 4 – 32 可以看出，硅酸盐钝化膜在不同钝化时间的阳极溶解呈现出不同的溶解特性，钝化时间为 5s 时表现为活性溶解，钝化膜先是快速阳极溶解使电流值急剧增大，随后在钝化膜表面形成了腐蚀产物的沉积层使离子的扩散速度受到很大的限制，在此时产生极限扩散电流，试验结果表明镀锌层没有生成完整的钝化膜。

对所测试的结果，经计算机软件拟合，把电流为 0 的区域放大，从中可以看出，不同钝化时间钝化膜的腐蚀电位也有差别（见表 4 – 17），这些差异与不同钝化时间生成的钝化膜对阴极去极化能力不同有很大关系，腐蚀电位的正移是由于阴极去极化的加速造成的。另外，利用该区域的电流 – 电位线性关系，得出线性极化电阻 R_p，将极化电阻的计算结果一同列于表 4 – 17。一般来说，钝化膜的活性溶解会呈现出 2 ~ 3 个塔菲尔线性区[150,151]，而该体系在较高的过电位下没有出现塔菲尔线性区。这可能是受到我们试验条件的限制，即随着电位的升高，电极表面溶出的离子浓度增加，离子在表面产生沉积层，钝化膜的溶出受传质过程的影响较大，从而阻碍了活性溶解的进行，使电流在较高的过电位下有所下降。利用低极化电位（50 ~ 80mV）区的塔菲尔线性区来求出腐蚀参数，其结果列入表 4 – 17。

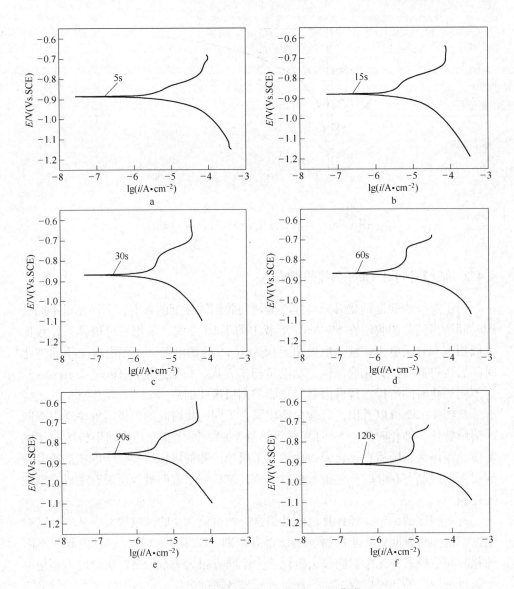

图 4 - 32　不同成膜时间下的 Tafel 曲线

表 4 - 17　不同成膜时间的 Tafel 曲线电化学参数

成膜时间/s	E_{corr}/V	$b_a/mV \cdot dec^{-1}$	$b_c/mV \cdot dec^{-1}$	$R_p/\Omega \cdot cm^{-2}$	$I_{corr}/\mu A \cdot cm^{-2}$
5	-0.882	101.626	83.424	1.001×10^5	9.125
15	-0.876	180.663	98.579	2.012×10^5	6.156
30	-0.863	188.285	103.598	2.625×10^5	3.254

成膜时间/s	E_{corr}/V	b_a/mV·dec^{-1}	b_c/mV·dec^{-1}	R_p/Ω·cm^{-2}	I_{corr}/μA·cm^{-2}
60	-0.861	196.356	108.623	3.232×10^5	4.239
90	-0.856	183.568	103.253	4.703×10^5	4.652
120	-0.917	105.631	81.112	9.838×10^4	12.589

从所得的电化学参数来看，成膜时间为 5s 和 120s 时，膜层的腐蚀电流较大，而极化电阻较小，耐蚀性不好；只有当成膜时间在 15 ~ 90s 之间，钝化膜的腐蚀电流小，极化电阻大，膜层具有较好的耐蚀性能，这与工艺选择中所确定的成膜时间一致。

4.5 钝化膜金相图、SEM 图和 EDAX 能谱分析

4.5.1 微观形貌及能谱分析

图 4 – 33 为不同处理时间所得硅酸盐钝化膜在 4XC 型金相显微镜下的表面形貌图像。

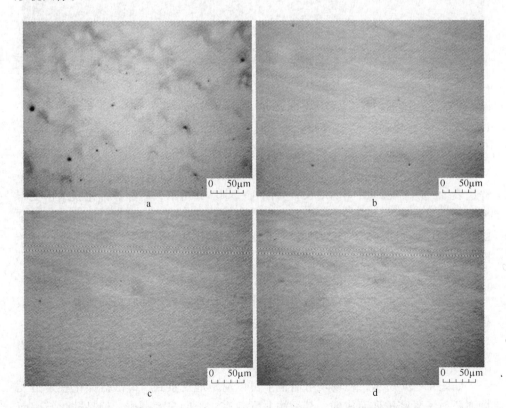

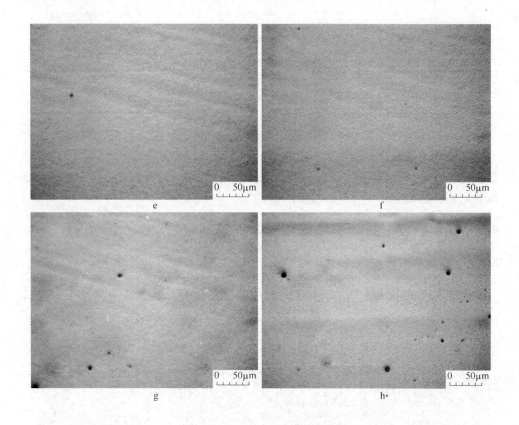

图 4 – 33　硅酸盐钝化膜的表面形貌
a—未钝化；b—5s；c—15s；d—30s；e—60s；f—90s；g—120s；h—180s

　　由图 4 – 33a 可以看出，未钝化的镀锌层表面凹凸不平，并有小孔分布于镀锌层表面，随着处理时间的增长，如图 4 – 33b ~ e 所示，硅酸盐钝化膜结构变得平整光滑，致密，缺陷减少，完整地覆盖在镀锌层表面；当处理时间继续增加至 120s 以上，如图 4 – 33f ~ h，钝化膜的表面开始出现堆积现象，同时在表面开始出现过腐蚀。这与电化学测试结果一致。

　　用扫描电镜处理 15s 得到钝化膜的微观形貌，如图 4 – 34 所示。

　　从扫描电镜得到的微观形貌可以看出，即使在放大 20000 倍的情况下，硅酸盐钝化膜的表面依然均匀、平整，无微裂痕，无明显缺陷。

　　为了进一步说明钝化膜的结构，采用场发射扫描电镜对硅酸盐钝化膜在高倍率放大下的微观形貌进行观察。

　　如图 4 – 35 所示，在场发射电镜下可以清楚地观察到，硅酸盐钝化膜是由无数细微粒子紧密排列而成的，其结构非常致密，无明显的瑕疵。但是钝化膜表面

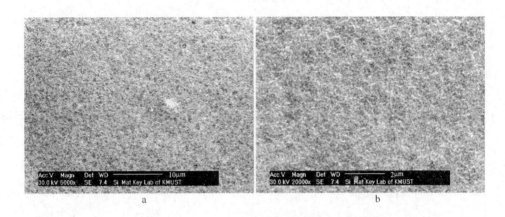

图 4 - 34　硅酸盐钝化膜的微观形貌

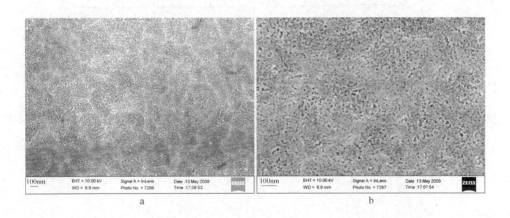

图 4 - 35　硅酸盐钝化膜层高倍数下的表面形貌

亮度并不一致，这说明钝化膜不是单一物质构成的，而是由几种不同的物质共同组成。

图 4 - 36 为硅酸盐钝化膜表面 EDAX 能谱分析。由图可看出，膜层主要由 Zn、Si 及 O 等元素构成。

4.5.2　断面形貌

图 4 - 37 为硅酸盐钝化膜断面的场发射扫描电镜图，从断面形貌可看出：在镀锌层的表层可看到一层不同于镀锌层的膜层，在钝化 5s 时的试样，虽然表面已形成了一层钝化膜，但钝化膜表面分布还很不均匀，凹凸不平，有的地方甚至还未成膜。当钝化时间增加到 15s 时，镀锌层表面已形成了一层均匀、致密的钝

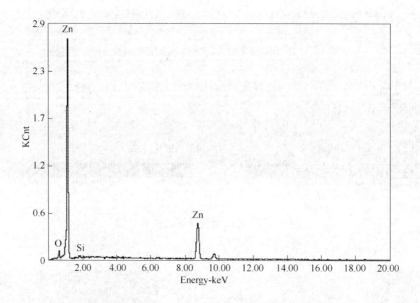

图 4 – 36　硅酸盐钝化膜 EDAX 能谱

化膜，并且在整个镀层表面均覆盖有硅酸盐钝化膜，此时钝化膜可为镀锌层提供较好的保护，经 EDAX 检测，该膜层的主要成分为 Zn、Si、O、Fe 元素，见表 4 – 18。钝化膜检测出的 Fe 元素可能是在制样过程中引入的。

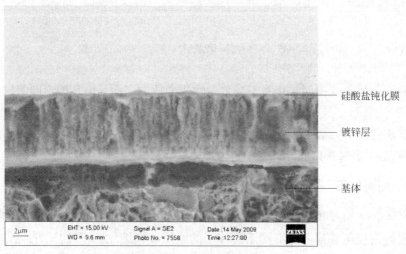

a

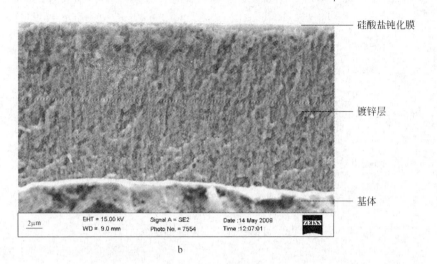

图 4 - 37　硅酸盐钝化膜的断面 FESEM 图

a—钝化 5s；b—钝化 15s

表 4 - 18　硅酸盐钝化膜成分分析表

元　素	质量分数/%	原子分数/%
Zn	83.85	61.46
Si	3.69	6.29
Fe	2.37	2.04
O	10.09	30.21
合计	100.00	100.00

4.6　硅酸盐钝化膜 X 射线光电子能谱分析（XPS）

据能谱分析可知，硅酸盐钝化膜中含有 Si、Zn 和 O 等元素，但对于构成钝化膜的具体物质还不清楚，为了进一步确定硅酸盐钝化膜组成，采用 X 射线光电子能谱仪对钝化膜表面进行成分分析。

4.6.1　钝化膜元素分析

图 4 - 38 为硅酸盐钝化膜表面成分 XPS 全扫描图。

从图 4 - 38 中看到，钝化膜中 Zn2p、Si2p 及 O1s 具有较强的峰，说明钝化膜中主要包含锌、硅和氧元素，此外，出现了 C1s 峰。表 4 - 19 为硅酸盐钝化膜表面成分及含量 XPS 分析结果。

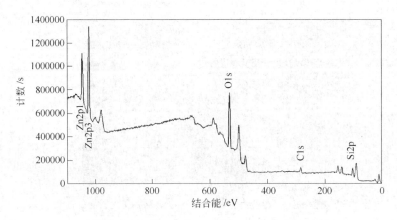

图 4 - 38　硅酸盐钝化膜表面 XPS 全扫描图

表 4 - 19　XPS 分析硅酸盐钝化膜表面成分（SiO_3^{2-} 4g/L，pH = 2.0，25℃，15s）

成　　分	Zn	Si	O	C
含量（原子分数）/%	14.74	22.72	48.26	14.27

由分析结果可得出：

Zn：锌的含量较多（15% 左右，原子分数），由热力学计算和量化计算可知，在钝化过程中部分镀层溶解产生锌离子，最终作为硅酸盐钝化膜的组分沉积下来。

Si：硅元素含量较高（22% 左右，原子分数），可见，硅元素是硅酸盐钝化膜中的主要成膜物质之一。

O：钝化膜中氧元素的含量最高（50% 左右，原子分数）。

C：钝化膜中碳元素的含量约 14% 左右（原子分数），但是由于钝化液中没有碳元素，碳元素峰的出现可能是电镀时镀层中有机添加剂的夹杂或外界吸附的污染所致。

4.6.2　钝化膜成分分析

为了确定硅以及锌的价态，将钝化膜样品 XPS 全谱图中的 Zn2p 峰、Si2p 峰、O1s 峰进行放大分析，图 4 - 39 是硅酸盐钝化膜的表面元素 Zn，Si，O 等的高分辨 XPS 图。图 4 - 39a 是对应于图 4 - 38 中 Zn2p 峰高分辨谱图：硅酸盐钝化膜中锌的 Zn2p3 峰出现在 1022.79eV 处，对应于 Zn—O 键中的锌，Zn2p1 峰出现在 1045.94eV，对应于 Zn—OH 键中的锌，说明钝化膜中锌的化合物主要为锌的氧化物和氢氧化物。钝化膜中 Si2p 峰（图 4 - 39b）经分峰拟合后得到位于 102.22eV、102.26eV、101.78eV 处峰，标准物质 $Zn_4Si_2O_7(OH)_2 \cdot 2H_2O$、

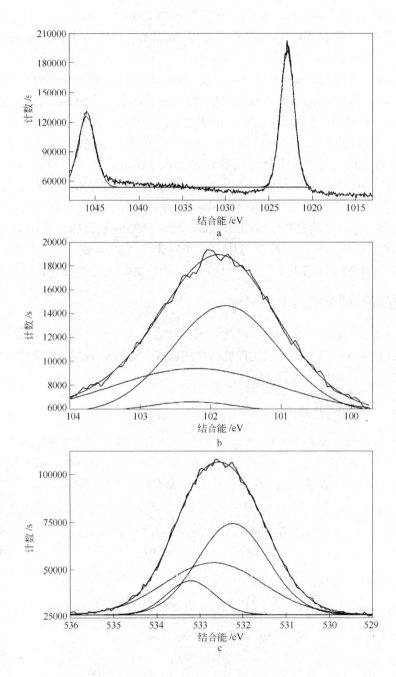

图 4 - 39　硅酸盐钝化膜表面 Zn、Si、O 元素的 XPS 图
a—表面元素 Zn 的高分辨 XPS 图；b—表面元素 Si 的高分辨 XPS 图；
c—表面元素 O 的高分辨 XPS 图

$ZnSiO_3$ 和胶态 SiO_2 中元素 Si2p 峰分别位于 102.00eV、102.36eV 和 102.41eV 处，从而可认为钝化膜中的 Si 元素主要以 $Zn_4Si_2O_7(OH)_2 \cdot 2H_2O$、$ZnSiO_3$ 和胶态 SiO_2 形式存在。

O1s 峰的半高宽较大，约 2.5eV，说明 O1s 峰是由不同的化合物的 O1s 峰叠加而得到的。经谱图解析 O1s 峰由三个峰叠加而得到，三个峰的结合能分别为：530.6eV、532.1eV、533.8eV，对照标准谱图，可知道：结合能为 530.6eV 对应的是 Zn—O 键中的氧，结合能为 532.1eV 对应的是吸附水中的氧，结合能为 533.8eV 对应的是表面吸附物种或 OH^- 的 O1s 中的氧。通过对 O1s 的放大图的分析，可以推断硅酸盐钝化膜中含有硅及锌的氧化物、氢氧化物或水合氧化物。

通过对钝化膜样品 EDAX 及 XPS 全谱图分析可知构成钝化膜的主要元素为 O、Si、Zn，对这些元素高分辨图的分析，可以推测硅酸盐钝化膜中含有 ZnO、$ZnSiO_3$ 和胶态 SiO_2 等物质，这与热力学和量化计算的结果一致。另外，Si、O 元素的高分辨 XPS 图表明 $Zn_4Si_2O_7(OH)_2 \cdot 2H_2O$ 也是钝化膜的组成物质之一。

4.7　硅酸盐钝化膜的成膜机理

由热力学计算、量化计算、电化学测试结合微观形貌和能谱分析结果可知：硅酸盐钝化膜的形成包括二氧化硅胶状物的形成、镀锌层的溶解、碱性薄层的形成和钝化膜的形成四个过程。

4.7.1　二氧化硅胶状物的形成

硅酸盐钝化液中的主要成分之一为 Na_2SiO_3，水溶液中 Na_2SiO_3 首先解离为 Na^+ 和 SiO_3^{2-}，在中性及酸性条件下，SiO_3^{2-} 可与 H^+ 形成 H_2SiO_3。钝化液的酸性较强，pH 值 1.5 ~ 2.0 之间，此时，H_2SiO_3 脱水形成二氧化硅胶体。

$$Na_2SiO_3 \longrightarrow 2Na^+ + SiO_3^{2-} \qquad (4-11)$$

$$SiO_3^{2-} + 2H^+ \longrightarrow H_2SiO_3 \qquad (4-12)$$

$$H_2SiO_3 \longrightarrow H_2O + SiO_2 \qquad (4-13)$$

4.7.2　镀锌层的溶解

当镀锌层置于酸性钝化液中时，镀层表面首先发生锌的溶解和 H_2O_2 或溶解氧 O_2 的去极化还原，形成无数个微电池，反应如下：

阳极区：$\qquad\qquad Zn \longrightarrow Zn^{2+} + 2e \qquad (4-14)$

阴极区：$\qquad\qquad H_2O_2 + 2e \longrightarrow 2OH^- \qquad (4-15)$

$$O_2 + 2H_2O + 4e \longrightarrow 4OH^- \qquad (4-16)$$

$$2H^+ + 2e \longrightarrow H_2 \qquad (4-17)$$

　　在钝化液中的溶解氧含量实际上是很低的，而 H_2O_2 的浓度远远高于溶解氧，因此，微电池阴极区反应以 H_2O_2 的去极化还原为主。

　　微电池反应连续进行，在锌镀层与溶液界面处生成大量的 Zn^{2+}，为形成钝化膜提供 Zn^{2+} 来源：

$$Zn + H_2O_2 \longrightarrow Zn^{2+} + 2OH^- \tag{4-18}$$

$$2Zn + O_2 + 2H_2O \longrightarrow 2Zn^{2+} + 4OH^- \tag{4-19}$$

$$Zn + 2H^+ \longrightarrow Zn^{2+} + H_2 \tag{4-20}$$

4.7.3　碱性薄层的形成

　　原电池反应产生大量的 OH^- 离子，如式（4-15）~式（4-17）所示。一方面，在镀锌层与溶液界面发生原电池反应时消耗了一定量的氢离子；另一方面，由量化计算的结果可知，H_2O_2 加入到处理液中，H_2O_2 与镀锌表面的 Zn 成键，H_2O_2 吸附于镀锌层表面是一个不稳定的过程，由于 O—O 键不牢固，易发生断裂，最后以 2 个 OH^- 的形式吸附在两相界面上。氢离子和双氧水的还原均使得界面处 pH 值迅速升高，而形成碱性薄层。

4.7.4　钝化膜的形成

　　当碱性薄层的 pH 值升高至一定数值时，SiO_2、Zn^{2+}、OH^- 等离子在镀锌层表面形成 $Zn(OH)_2$、$ZnSiO_3$ 等。

$$Zn^{2+} + 2OH^- =\!\!=\!\!= Zn(OH)_2 \tag{4-21}$$

$$Zn^{2+} + SiO_2 + 2OH^- =\!\!=\!\!= ZnSiO_3 + H_2O \tag{4-22}$$

　　量化计算结果表明，沉积在锌表面的 $Zn(OH)_2$ 会发生脱水反应，生成锌的氧化物 ZnO 等：

$$Zn(OH)_2 =\!\!=\!\!= ZnO + H_2O \tag{4-23}$$

钝化膜中的 $Zn_4Si_2O_7(OH)_2 \cdot 2H_2O$ 可能是通过以下的反应形成的：

$$
\begin{array}{ccccc}
Zn\!-\!O & OH & HO & O\!-\!Zn & Zn\!-\!O & OH & O\!-\!Zn \\
| \diagdown \diagup & & \diagdown \diagup & | & | \diagdown \diagup & & \diagup | \\
O & Si & + & Si & O & \longrightarrow & O & Si\!-\!O\!-\!Si & O & +H_2O \\
| \diagup \diagdown & & \diagup \diagdown & | & | \diagup \diagdown & & \diagdown | \\
Zn\!-\!O & OH & HO & O\!-\!Zn & Zn\!-\!O & HO & O\!-\!Zn
\end{array}
$$

生成的 ZnO、$ZnSiO_3$、$Zn_4Si_2O_7(OH)_2 \cdot 2H_2O$ 等含锌化合物沉积在基体表面共同形成具有三维结构的胶状膜。与此同时，硅溶胶中的硅酸单体的脱水缩聚反应速度也加快，生成微细的胶态 SiO_2 粒子充填膜层的孔隙或吸附于膜的表层。

4.8　本章小结

（1）计算了 298K 下，钝化液中偏硅酸根及镀锌层可能发生的化学反应。热力学计算表明，SiO_3^{2-} 可与 H^+ 结合逐步生成 H_2SiO_3，继而脱水生成 SiO_2；而镀锌层在钝化液中首先溶解为 Zn^{2+}，在有 OH^-、SiO_2 和 SiO_3^{2-} 的情况下，Zn^{2+} 能与其反应，分别生成 $Zn(OH)_2$、$ZnSiO_3$，而 $Zn(OH)_2$ 最终可生成锌的氧化物 ZnO。

（2）量子化学计算结果表明：在实验条件下，处理液中 H_2O_2 的 O 原子与镀锌表面的 Zn 成键，由于 O—O 键不牢固，易发生断裂，故 H_2O_2 会以 OH^- 的形式吸附在两相界面上，这将导致镀锌层表面 pH 值上升，同时，也为成膜反应的进行提供必要的条件。界面环境在碱性的情况下，有 OH^- 吸附于界面，一方面，溶液中的 Zn^{2+} 可与 OH^- 结合生成 $Zn(OH)_2$，其中一个 H 与 O 键断裂，与另一个 O—H 键结合形成 H_2O 稳定吸附在 Zn(100) 面的面心立方位上，而 O—Zn 键逐渐变短，形成 ZnO 稳定吸附在 Zn(100) 面的桥位上；另一方面，OH^- 会对界面上吸附的 SiO_2 产生影响，SiO_2 可与 H—O 键断裂形成的 O 结合生成 SiO_3^{2-}，并与界面溶解产生的 Zn^{2+} 共同形成 $ZnSiO_3$。能量计算结果也证实了以上反应发生的可能性。

（3）对硅酸盐钝化膜的电化学测试中，开路电位随时间的变化曲线显示，当镀锌钢板浸入到硅酸盐钝化处理液中时，开路电位随浸泡时间的延长不断升高，这表明钝化膜的形成在一开始就发生了。在 0~30s 内开路电位呈迅速增长的趋势，此时间段内钝化膜的成膜反应占主导地位，成膜速度很快，迅速在镀层表面形成钝化膜；在 30~120s 的时间内，电位仍在上升，但变化速率降低，此时钝化膜的厚度还在增长，但增长速度减慢；在 120~300s 的时间内，电位上升趋势变得更为缓慢，钝化膜的成膜过程与溶解过程并存。对不同钝化时间所得钝化膜的阳极极化曲线表明，腐蚀电流先是急剧增大，随后降低，钝化时间为 5s 时，膜层腐蚀电流较大，极化电阻较小，表明镀锌层表面没有完整的钝化层生成，在钝化时间超过 15s 后，镀锌层表面生成了完整的钝化层，钝化时间延长至 120s，腐蚀电流又有所增大，这是钝化膜产生堆积的结果。

（4）利用金相显微镜及扫描电镜观察硅酸盐钝化膜表面的微观形貌发现，未钝化的镀锌层表面凹凸不平，并有小孔分布，随着处理时间增长至 15～60s，硅酸盐钝化膜变得平整光滑，结构致密，缺陷减少，完整地覆盖在镀锌层表面；场发射扫描电镜图像显示钝化膜由无数细微粒子紧密排列而成，钝化膜表面亮度的差异表明钝化膜是由几种不同的物质共同组成。EDAX 能谱和 XPS 能谱分析表明，硅酸盐钝化膜中的主要元素为 Zn、Si、O，根据各个元素的结合能，可以得到钝化膜的主要组成物质为：ZnO、$ZnSiO_3$、$Zn_4Si_2O_7(OH)_2 \cdot 2H_2O$ 和胶态 SiO_2 等。

（5）通过热力学计算、量化计算，结合电化学测试、SEM、XPS 等测试手段对微观形貌和能谱分析结果可知硅酸盐钝化膜的形成包括二氧化硅胶状物的形成、镀锌层的溶解、碱性薄层的形成和钝化膜形成的四个过程。

5 硅酸盐钝化膜耐腐蚀机理

5.1 概述

本章通过绘制 $Zn-H_2O$ 系、$Si-H_2O$ 系和 $Zn-Si-H_2O$ 系的 $E-pH$ 图，从热力学角度考察镀锌层硅酸盐钝化膜的腐蚀倾向；测试了硅酸盐钝化膜在盐雾、盐水和醋酸铅点滴等不同介质中的耐蚀性，计算其腐蚀速率；测试钝化膜的硬度、粗糙度等物理特性；利用腐蚀电化学的方法发现不同试样的腐蚀电化学特征，分析电化学参数和腐蚀规律；利用扫描电化学显微镜（SECM）对比分析硅酸盐钝化膜、传统低铬钝化膜及未钝化镀锌层进行原位电化学活性表征和膜层腐蚀电流；扫描电镜分析钝化膜层腐蚀前后形貌特征，并结合以上测试结果，探讨硅酸盐钝化膜的耐蚀机理。

5.2 镀锌硅酸盐钝化膜的腐蚀热力学

判断电化学腐蚀反应能否发生，是电化学腐蚀热力学问题，对腐蚀热力学的研究在金属防腐方面具有重要意义[152]。

腐蚀反应与普通的化学反应一样，如果反应体系终态低于始态的自由能，那么这个反应就可以自发进行。电化学腐蚀还可以看作是一个电池反应，根据物理化学原理，电池反应的自由能变化 ΔG 与电池的电动势 E 成正比，即：

$$\Delta G = nF(E_a - E_c) \qquad (5-1)$$

式中，n 为参与电极反应的电子数；F 为法拉第常数；E_a 为阳极反应的平衡电位；E_c 为阴极反应的平衡电位。

因为 $nF > 0$，只有当 $E_a - E_c < 0$，腐蚀反应才会发生。这是发生电化学腐蚀的热力学基本条件。

金属腐蚀过程阳极反应和阴极反应（氧化还原电极和气体电极）的平衡电位不仅受溶液中该金属离子活度的影响，而且受到溶液酸度和络合离子的活度、不同气体分压的影响。

金属的腐蚀过程，通常是有 H^+ 和 OH^- 参与的反应，此时电极电位随着溶液 pH 值而变化。因此，把各个反应的平衡电极电位和溶液 pH 值的函数关系绘制成电位-pH 图[153,154]，就可以从图上清楚地看出一个电化学体系中，发生各种化学和电化学反应所必须具备的电极电位和溶液 pH 值条件，或者可以判断在给定条件下某化学反应和电化学反应进行的可能性。从 20 世纪 30 年代以来，电位 – pH 图广泛用于金属腐蚀问题的研究。

因为硅酸盐钝化膜的腐蚀主要是镀层中 Zn 和硅酸盐钝化膜的腐蚀，因此本书通过绘制 $Zn – H_2O$ 系和 $Si – H_2O$ 系的电位 – pH 图对硅酸盐钝化膜的腐蚀热力学进行分析。

5.2.1　Zn – H₂O 系电位 – pH 图

5.2.1.1　计算过程

对于一个反应：
$$aA + bB = pP + qQ$$

这一反应的标准反应自由能可用式（5 – 2）计算：

$$\Delta G_T^0 = pG_P^0 + qG_Q^0 - (aG_A^0 + bG_B^0) \tag{5 – 2}$$

对于反应中有电子转移的情况，电极电位与标准反应自由能之间的关系可用式（5 – 3）及式（5 – 4）计算：

$$E_T^0 = \frac{-G_T^0}{nF}(V) \tag{5 – 3}$$

$$E_T = E_T^0 - \frac{2.303RT}{nF}\lg\frac{[P]_{aq}^p[Q]_{aq}^q}{[A]_{aq}^a[B]_{aq}^b}(V) \tag{5 – 4}$$

对于反应中无电子转移的情况，反应的平衡常数与标准反应自由能之间的关系可用式（5 – 5）计算：

$$\lg K = -\frac{\Delta G_T^0}{2.303RT} = \lg\frac{[P]_{aq}^p[Q]_{aq}^q}{[A]_{aq}^a[B]_{aq}^b} \tag{5 – 5}$$

式中，E_T^0 为标准电极电位（V），E_T 为平衡电极电位（V），T 为热力学温度（K），R 为摩尔气体常数（8.314J/mol·K），n 为反应中转移的电子数，F 为法拉第常数（96500J/mol）。

5.2.1.2　计算结果

$Zn – H_2O$ 系中存在的反应及根据式（5 – 2）~式（5 – 5）计算得出的对应电位 – pH 方程式如表 5 – 1 所示。

表 5 – 1　Zn – H₂O 系中存在的反应及其 E – pH 方程式（25℃）

序号	反 应 式	$\Delta G^{\ominus}$ /kJ·mol^{-1}	$E^{\ominus}$或 lg$K$	E – pH 方程式
①	$Zn^{2+} + 2e = Zn$	35.187	– 0.7629	$E = -0.7629 + 0.0296\log[Zn^{2+}]$
②	$ZnO + 2H^+ + 2e = Zn + H_2O$	19.908	– 0.4317	$E = -0.4317 - 0.0591pH$
③	$Zn^{2+} + H_2O = ZnO + 2H^+$	15.279	– 11.2044	$pH = 5.6022 - 0.5\log[Zn^{2+}]$
④	$ZnO + H_2O = HZnO_2^- + H^+$	22.402	– 16.4278	$pH = 16.4278 + \log[HZnO_2^-]$

序号	反 应 式	$\Delta G^{\ominus}$ /kJ · mol^{-1}	$E^{\ominus}$ 或 lg$K$	E - pH 方程式
⑤	$ZnO + H_2O \rightleftharpoons ZnO_2^{2-} + 2H^+$	40. 274	-29. 5336	$pH = 14.7668 + 0.5\log[ZnO_2^{2-}]$
⑥	$HZnO_2^- + 3H^+ + 2e \rightleftharpoons Zn + 2H_2O$	-2. 494	0. 0541	$E = 0.0541 - 0.0885pH + 0.0296\log[HZnO_2^-]$
⑦	$ZnO_2^{2-} + 4H^+ + 2e \rightleftharpoons Zn + 2H_2O$	-20. 366	0. 4416	$E = 0.4416 - 0.1180pH + 0.0296\log[ZnO_2^{2-}]$
⑧	$Zn^{2+} + 2H_2O \rightleftharpoons HZnO_2^- + 3H^+$	37. 681	-27. 6321	$pH = 9.2107 + 0.333\log\dfrac{[HZnO_2^-]}{[Zn^{2+}]}$
⑨	$HZnO_2^- \rightleftharpoons ZnO_2^{2-} + H^+$	17. 872	-13. 1058	$pH = 13.1058 + \log\dfrac{[ZnO_2^{2-}]}{[HZnO_2^-]}$
ⓐ	$2H^+ + 2e \rightleftharpoons H_2$	0. 000	0. 000	$E = 0.0591pH - 0.0296\log p_{H_2}$
ⓑ	$O_2 + 4H^+ + 4e \rightleftharpoons 2H_2O$	-113. 379	1. 2292	$E = 1.2292 - 0.0591pH - 0.0148\log p_{O_2}$

5.2.1.3　绘制 25℃ 下 Zn - H₂O 系的 E - pH 图

根据表 5 - 1 的计算结果，绘制 25℃ 下 Zn - H₂O 系的 E - pH 图，如图 5 - 1 所示。

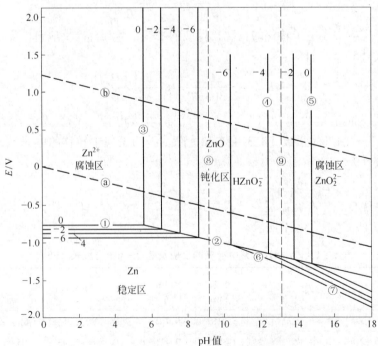

图 5 - 1　Zn - H₂O 系电位 - pH 图

($T = 25℃$、$p_{H_2} = 1.01 \times 10^5 p$、$p_{O_2} = 1.01 \times 10^5 p$)

5.2.1.4 Zn – H$_2$O 系电位 – pH 图的分析

由图 5 – 1 可以看出：

（1）在①、②、⑥、⑦以下的区域是锌的免蚀区，在这个电位和 pH 值范围内，锌处于热力学稳定状态，不发生腐蚀。

（2）在①、③的左上方和④、⑤、⑥、⑦的右上方是锌的腐蚀区，在这个区域内锌的可溶性离子处于稳定存在状态。在①、③、ⓐ之间，锌属于析氢腐蚀；在ⓐ、③、ⓑ之间，锌属于吸氧腐蚀。

（3）在②、③、④、⑤之间是锌的钝化区，在这个区域内稳定存在的是难溶性的 ZnO（或是 Zn(OH)$_2$），这些固态物质若能牢固致密地覆盖在金属表面上，则可能使锌失去活性而不发生腐蚀。

5.2.2 Si – H$_2$O 系电位 – pH 图

5.2.2.1 计算结果

Si – H$_2$O 系中存在的反应及对应的 E – pH 方程式如表 5 – 2 所示。

表 5 – 2 Si – H$_2$O 系中存在的反应及其 E – pH 方程式（25℃）

序号	反 应 式	$\Delta G^{\ominus}$ /kJ · mol^{-1}	$E^{\ominus}$ 或 lg$K$	E – pH 方程式
①	$HSiO_3^- + H^+ \Longrightarrow H_2SiO_3$	– 58. 604	10. 266	$pH = 10.266 + \log \dfrac{[H_2SiO_3]}{[HSiO_3^-]}$
②	$SiO_3^{2-} + H^+ \Longrightarrow HSiO_3^-$	– 66. 976	11. 732	$pH = 11.732 + \log \dfrac{[HSiO_3^-]}{[SiO_3^{2-}]}$
③	$H_2SiO_3 + 4H^+ + 4e \Longrightarrow Si + 3H_2O$	301. 442	– 0. 7810	$E = -0.7810 + 0.0148\log[H_2SiO_3] - 0.0591pH$
④	$HSiO_3^- + 5H^+ + 4e \Longrightarrow Si + 3H_2O$	242. 838	– 0. 6292	$E = -0.6292 - 0.0739pH + 0.0148\log[HSiO_3^-]$
⑤	$SiO_3^{2-} + 6H^+ + 4e \Longrightarrow Si + 3H_2O$	175. 862	– 0. 4556	$E = -0.4556 + 0.0148\log[SiO_3^{2-}] - 0.0887pH$
ⓐ	$2H^+ + 2e \Longrightarrow H_2$	0. 000	0. 000	$E = 0.0591pH - 0.0296\log p_{H_2}$
ⓑ	$O_2 + 4H^+ + 4e \Longrightarrow 2H_2O$	– 113. 379	1. 2292	$E = 1.2292 - 0.0591pH - 0.0148\log p_{O_2}$

5.2.2.2 绘制 25℃ 下 Si – H$_2$O 系的 E – pH 图

根据表 5 – 2 的计算结果，绘制 25℃ 下 Si – H$_2$O 系的 E – pH 图，如图 5 – 2 所示。

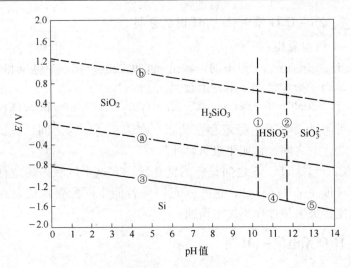

图 5 - 2　Si - H$_2$O 系电位 - pH 图

($T = 25℃$、$p_{H_2} = 1.01 \times 10^5 p$、$p_{O_2} = 1.01 \times 10^5 p$、$c[H_2SiO_3] = c[HSiO_3^-] = c[SiO_3^{2-}] = 0.1 mol/L$)

5.2.2.3　Si - H$_2$O 系电位 - pH 图的分析

由图 5 - 2 可以看出:

（1）在③、④、⑤以下的区域中，由于氧化还原电位较低，硅以单质的形式存在。

（2）在③上方、①左方的范围中，硅以氧化物偏硅酸的形式存在，而偏硅酸不稳定，脱水后得到二氧化硅。

（3）在①、②、④围成的区域中，硅主要以偏硅酸氢根离子的形式存在；②右方、⑤上方的范围，则为偏硅酸根。

5.2.3　Zn - Si - H$_2$O 系电位 - pH 图

5.2.3.1　计算结果

Zn - Si - H$_2$O 系中存在的反应及对应的 E - pH 方程式如表 5 - 3 所示。

表 5 - 3　Zn - Si - H$_2$O 系中存在的反应及其 E - pH 方程式（25℃）

序号	反应方程式	$\Delta G^{\ominus}$ /kJ · mol^{-1}	$E^{\ominus}$ 或 log$K$	E - pH 方程式
①	$HSiO_3^- + H^+ \Longrightarrow H_2SiO_3$	- 58. 604	- 10. 266	$pH = 10.266 + \log \dfrac{[H_2SiO_3]}{[HSiO_3^-]}$
②	$SiO_3^{2-} + H^+ \Longrightarrow HSiO_3^-$	- 66. 976	- 11. 732	$pH = 11.732 + \log \dfrac{[HSiO_3^-]}{[SiO_3^{2-}]}$

序号	反应方程式	$\Delta G^{\ominus}$ /kJ·mol^{-1}	$E^{\ominus}$ 或 logK	E-pH 方程式
①	$ZnSiO_3 + 2H^+ + 2e = Zn + H_2SiO_3$	166.485	-0.8627	$E = -0.8627 - 0.0296\log[H_2SiO_3] - 0.0591pH$
②	$ZnSiO_3 + H^+ + 2e = Zn + HSiO_3^-$	225.089	-1.1663	$E = -1.1663 - 0.0296\log[HSiO_3^-] - 0.0296pH$
③	$ZnSiO_3 + 2e = Zn + SiO_3^{2-}$	292.065	-1.5511	$E = -1.5511 - 0.0296\log[SiO_3^{2-}]$
④	$Zn^{2+} + SiO_2 + H_2O + 2e = Zn + H_2SiO_3$	227.823	-1.1805	$E = -1.1805 - 0.0296\log\dfrac{[H_2SiO_3]}{[Zn^{2+}]}$
⑤	$ZnSiO_3 + 2H^+ = Zn^{2+} + SiO_2 + H_2O$	-61.335	-10.7442	$pH = 5.3721 - \dfrac{1}{2}\log[Zn^{2+}]$
⑥	$Zn^{2+} + O_2 + 2H^+ + 4e = ZnO + H_2O$	-410.465	1.0634	$E = 1.0634 - 0.0148\log\dfrac{1}{[Zn^{2+}]} - 0.0296pH$
⑦	$ZnSiO_3 + O_2 + 4H^+ + 4e = ZnO + SiO_2 + H_2O$	-471.803	1.2223	$E_0 = 1.2223 - 0.0591pH$
ⓐ	$2H^+ + 2e = H_2$	0.000	0.000	$E = 0.0591pH - 0.0296\log p_{H_2}$
ⓑ	$O_2 + 4H^+ + 4e = 2H_2O$	-113.379	1.2292	$E = 1.2292 - 0.0591pH - 0.0148\log p_{O_2}$

5.2.3.2 绘制 25℃下 Zn-Si-H$_2$O 系的 E-pH 图

根据表 5-3 的计算结果,绘制 25℃下 Zn-Si-H$_2$O 系的 E-pH 图,如图 5-3 所示。

5.2.3.3 Zn-Si-H$_2$O 系电位-pH 图的分析

由图 5-3 可以看出:

(1) 在①、②、③、④以下的区域是锌的免蚀区,在这个电位和 pH 值范围内,锌处于热力学稳定状态,不发生腐蚀;pH 值由低到高,硅分别以 H_2SiO_3、$HSiO_3^-$、SiO_3^{2-} 形式存在。

(2) 在④、⑥和⑤之间的区域是锌的腐蚀区,在这个区域内锌的可溶性离子 Zn^{2+} 处于稳定状态;硅主要为 SiO_2。在④、⑤、ⓐ之间,锌属于析氢腐蚀;在ⓐ、⑤、ⓑ之间,锌属于吸氧腐蚀。

(3) 在①、②、③、⑤、⑦之间的区域及⑥、⑦以上的区域均为锌的钝化区,在此区域内稳定存在的分别是难溶的 $ZnSiO_3$ 和 ZnO(或 Zn(OH)$_2$)与 SiO_2,这些固态物质若能牢固致密地覆盖在金属表面上,则可避免或减少锌的

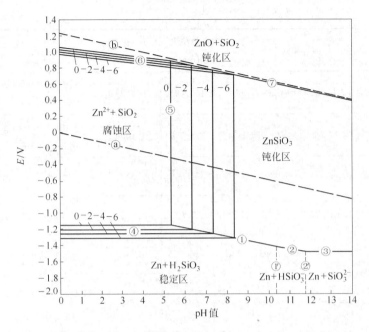

图 5 - 3 Zn - Si - H₂O 系电位 - pH 图

$(T = 25℃ 、 p_{H_2} = 1.01 \times 10^5 p 、 p_{O_2} = 1.01 \times 10^5 p 、 c[H_2SiO_3] = c[HSiO_3^-] = c[SiO_3^{2-}] = 0.1mol/L)$

腐蚀。

5.3 硅酸盐钝化膜的腐蚀速率

钝化膜所接触的腐蚀介质不同，其腐蚀速度也不同。本书考查未钝化镀锌层、铬酸盐钝化膜和硅酸盐钝化膜分别在三种腐蚀介质中的腐蚀速率，考察其耐蚀性。测试方法分别为：醋酸铅点滴试验 [5% 醋酸铅（质量分数），25℃]、中性盐雾腐蚀试验 [5% NaCl（质量分数），35℃]、中性盐水浸泡腐蚀试验 [5% NaCl（质量分数），25℃]。

5.3.1 醋酸铅点滴试验

醋酸铅点滴试验可以快速检测钝化膜的耐腐蚀性能，在洁净的钝化膜表面滴一滴腐蚀液体，从溶液滴上到钝化膜出现腐蚀现象所需时间的长短作为钝化膜耐蚀性能的考核标准。不同试样的醋酸铅点滴试验结果见表 5 - 4。

铬酸盐钝化膜的腐蚀现象主要表现为点蚀，而硅酸盐钝化膜并无明显点蚀现象发生，由此得出，硅酸盐钝化膜抗醋酸铅溶液点蚀能力比铬酸盐钝化膜强。同时可以看出，经过钝化处理后的镀层明显提高了醋酸铅点滴试验耐腐蚀时间，且硅酸盐钝化膜耐蚀性略优于铬酸盐钝化膜。

表 5 - 4　醋酸铅点滴试验耐蚀性比较

钝化膜类别	编号	外观质量	出现黑点时间/s	平均时间/s
镀锌未钝化	1	光亮	<1	<1
	2	光亮	<1	
	3	光亮	<1	
铬酸盐钝化	1	光亮、均匀	42	45
	2	光亮、均匀	46	
	3	光亮、均匀	47	
硅酸盐钝化	1	光亮、均匀	53	51
	2	光亮、均匀	50	
	3	光亮、均匀	50	

5.3.2　中性盐雾试验

采用未钝化镀锌层、铬酸盐钝化膜和硅酸盐钝化膜三种试样同时进行中性盐雾试验，比较其耐腐蚀性能差异[155]。

中性盐雾试验所测样品基体均为低碳钢试片。试样钝化后经过干燥、充分老化后，用石蜡将试样背部及四周封闭，试样中间暴露 20mm × 20mm 大小的钝化膜作为测试面。等盐雾箱内温度、压力达到试验所需温度后采用连续喷雾的方式开始喷雾。在测试过程中，定期观察并记录试样表面的腐蚀情况，以最终出现白锈的时间作为评判标准，对比其耐蚀性能差异，每组试样均做三组试片平行试验，取其平均值作为最后结果。

表 5 - 5 为镀锌层、铬酸盐钝化膜和硅酸盐钝化膜的中性盐雾腐蚀试验现象及结果。从试样外观的变化情况看，镀锌层表面在很短时间内就出现灰黑色斑点，接着很快出现白锈，并且白锈面积迅速增大，直至全面出现白锈，后期甚至出现红锈现象，可见镀锌层的耐腐蚀主要是依靠牺牲阳极来保护基体的。而铬酸盐钝化试样和硅酸盐钝化试样，在腐蚀过程中由于表面钝化膜的存在可有效阻碍白锈的产生，腐蚀初期试样外观光亮，腐蚀产物的生成量远远少于镀锌未钝化层。其中，铬酸盐钝化膜在腐蚀过程中首先出现少量针状黑色斑点，然后黑点扩大至黑斑，最后经过长时间的腐蚀出现白锈。说明铬酸盐钝化膜在盐雾试验腐蚀介质中 Cl⁻ 的侵蚀作用下首先发生点蚀，使铬酸盐钝化膜遭到破坏，然后在发生点蚀处腐蚀现象迅速扩大，最终使铬酸盐钝化膜失效，出现锌的腐蚀产物——白锈；硅酸盐钝化膜在腐蚀过程中随着腐蚀时间的延长，钝化膜表面首先失去光泽，镀层开始发暗，然后整个钝化膜表面开始出现黑色的斑点，接着这些斑点开

始扩大至黑斑，慢慢的这些黑斑连成一片，最后钝化膜的表面慢慢地开始泛白，出现白色的腐蚀产物——白锈。可见，硅酸盐钝化膜的抗点蚀能力优于铬酸盐钝化膜。

表 5 - 5　中性盐雾腐蚀试验及结果

出白锈时间/h	镀锌未钝化	铬酸盐钝化	硅酸盐钝化
	光　亮	光亮、均匀	光亮、均匀
2	少量白锈及灰斑	良好	良好
6	全部白锈	良好	良好
12	—	良好	良好
24	—	良好	良好
36	—	少量黑点	钝化膜光泽度降低
48	—	黑点颜色加深	少量黑点
60	—	少量白锈	黑点增多
72	—	—	黑点扩大
76	—	—	黑点及白色痕迹
82	—	—	少量白锈

5.3.3　盐水浸泡试验

配制 5% NaCl 溶液（质量分数），对三种试样进行腐蚀浸泡试验，比较三种试样在盐水浸泡试验中的耐腐蚀性能。试验温度采用室温，采用环氧树脂对待测试样四周及背部进行封闭，仅暴露出 20mm × 20mm 的测试面积，将试样置于盛有 200mL 5% NaCl 溶液（质量分数）的烧杯中。试验前用分析天平分别称量每一片试样的质量，记为 m_0，试验过程中观察并记录不同腐蚀时间下试样表面的腐蚀面积。浸泡一定时间后取出试样，先用较软的毛刷将试样表面疏松的腐蚀产物刷掉，然后用质地较硬的刮刀刮去试样表面附着较为牢固的腐蚀产物，最后在室温下用 10% NH₄Cl 溶液浸泡约 5min，取出用自来水冲洗，再使用无水乙醇仔细擦洗试样表面以除去最后的附着物，干燥恒重后用分析天平称量每个试样的质量记为 m_1，采用失重法按式（5 - 6）计算不同试样在 5% NaCl 溶液（质量分数）中的腐蚀速率，并进行比较。

$$v = \frac{m_0 - m_1}{At} \tag{5 - 6}$$

式中，v 为按质量计算的腐蚀速度，g/($m^2 \cdot h$)；A 为试样暴露的表面积。

图5-4是镀锌层、铬酸盐钝化膜和硅酸盐钝化膜在盐水浸泡试验中腐蚀面积随时间的变化曲线。由图中我们可以看出，随着时间的延长三种试样的腐蚀面积不断增大，镀锌层的腐蚀面积变化最大，在腐蚀后期腐蚀面积已超过了80%，而经过钝化处理后的试样，可有效地降低腐蚀面积，增加耐腐蚀时间，可见钝化膜的存在可对镀锌层起到很好的保护作用。而硅酸盐钝化膜的腐蚀面枳较铬酸盐钝化膜更小。

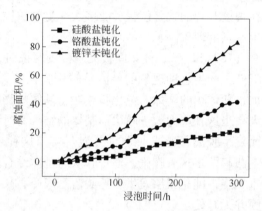

图5-4 5%NaCl（质量分数）浸泡试验结果

表5-6是采用浸泡失重法计算得到的不同试样在5%NaCl溶液（质量分数）中的腐蚀速率。其中，未钝化镀锌层试样的腐蚀速率最大，为0.0563g/（$m^2 \cdot h$），钝化后试样的腐蚀速率明显低于未钝化层，且硅酸盐钝化的腐蚀速率仅为0.0183g/（$m^2 \cdot h$），低于铬酸盐钝化。

表5-6 钝化处理前后锌试样在5%NaCl溶液（质量分数）中的腐蚀速率

条　件	镀锌未钝化	铬酸盐钝化	硅酸盐钝化
腐蚀速率/$g \cdot m^{-2} \cdot h^{-1}$	0.0563	0.0211	0.0183

5.4 钝化膜的附着力

参照标准 GB 9791—88《锌和铬上铬酸盐转化膜试验方法》，对硅酸盐钝化膜的附着力进行检测：手持无砂橡皮，以通常的压力来回摩擦试样表面10次，来检测钝化膜的附着力。摩擦后，如果钝化膜不磨损、脱落至露出锌基体，则说明钝化膜有较好的附着力（见表5-7）。

表5-7 不同处理时间对钝化膜附着力的影响

处理时间/s	5	15	30	60	90	120	180
钝化膜外观	部分脱落	完好	完好	完好	完好	完好	部分脱落

当处理时间少于 5s 时，手持无砂橡皮，来回摩擦试样表面 10 次，发现钝化膜部分脱落，这主要是由于成膜时间较短，镀锌层表面未被钝化膜完全覆盖，表面存在相界面的断层缺陷导致，当橡皮触及钝化膜层时，容易造成膜层与基体的剥离，从而导致钝化膜的脱落。

随着处理时间增加（15～180s），镀锌层表面被钝化膜覆盖完全，钝化膜与基体之间结合力与膨胀应力趋向于平衡。在表面施加一定的剪切力时，膜层与基体结合良好，不存在裂纹开裂的缺陷位置，故多次往复摩擦钝化膜依然会保持较好的完整性，不易出现剥落现象。

处理时间过长时（180s 以上），钝化膜被无砂橡皮摩擦时，膜层再次表现出脱落，膜的附着力降低，产生这种现象的原因是转化膜在金属表面继续生长时，钝化膜层的体积增加，随体积的增加，钝化膜相对于基体的膨胀度增大，界面处各向应力也逐步增大，当这种应力大于膜层与基体的结合力时，就会使结合界面萌生裂纹，局部界面发生脱离，形成一个"气泡"带，这种现象的宏观表现就是，膜层的表面产生凸起，多区域膨胀，使得膜层与基体结合的连续性破坏，钝化膜层的附着力严重下降，钝化膜层发生自然脱落。因此，长时间的钝化处理对于获得优良的钝化膜并无好处。

5.5 钝化膜的硬度

镀锌硅酸盐钝化膜膜层的硬度可在一定程度上反映钝化膜中相组成的差异，是钝化膜的重要力学性能指标之一。具有较高硬度的钝化膜可提高工件在使用过程中的耐磨性、强度，可提升工件的使用寿命。因此，硬度的大小可以间接表征钝化膜的耐磨性、强度及使用寿命。本书在试验中采用沃伯特测量仪器有限公司生产的 401MV·A 型显微维氏硬度计对不同钝化时间得到的钝化膜表面进行硬度测试。

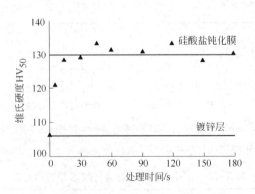

图 5－5 处理时间与维氏硬度的关系

从图 5 - 5 可看出：

（1）形成硅酸盐钝化膜后，维氏硬度达到约 130HV$_{50}$，比镀锌层的维氏硬度 106HV$_{50}$ 提高 24HV$_{50}$。钝化膜的形成对镀锌件的硬度有一定的贡献。

（2）在 15 ~ 180s 不同的处理时间中，所形成钝化膜的硬度基本维持在维氏硬度 130HV$_{50}$ 附近，这说明处理时间的变化对钝化膜的硬度没有明显影响。

5.6　钝化膜表面粗糙度

硅酸盐钝化膜表面粗糙度的检测，有利于解释膜层的表面性能，可间接反映钝化膜的致密性、表层结构均匀、平整程度。优良的钝化膜必定表面平整、外观良好、结构分布均匀。粗糙度检测所用的仪器为：北京时代之峰科技有限公司 TR240 便携式表面粗糙仪，如图 5 - 6 所示。

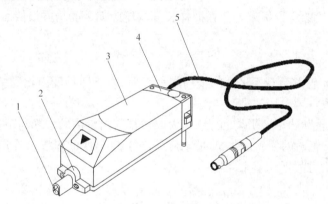

图 5 - 6　粗糙度测试仪
1—传感器；2—护套；3—驱动器主体；4—支杆架；5—驱动器连接线

通过对钝化膜表面多个特征参数的检测，从不同的角度表征钝化膜的粗糙度，具体性能指标意义为：

（1）轮廓算术平均偏差。Ra 的值为取样长度内轮廓偏距绝对值的算术平均值。可以用式（5 - 7）求得：

$$Ra = \frac{1}{l} \int_0^l |y(x)| \mathrm{d}x \qquad (5-7)$$

（2）Rz 微观不平度十点高度。Rz 为取样长度内 5 个最大的轮廓峰高的平均值与 5 个最大的轮廓谷深的平均值之和。由式（5 - 8）得出：

$$Rz = \frac{\sum\limits_{i=1}^{5} y_{pi} + \sum\limits_{i=1}^{5} y_{vi}}{5} \qquad (5-8)$$

式中　y_{pi}——第 i 个最大的轮廓峰高；

y_{vi}——第 i 个最大的轮廓谷深。

（3）Rm 轮廓最大谷深。Rm 为取样长度内从轮廓谷底线至中线的距离。

（4）Rp 轮廓最大峰高。Rp 为取样长度内从轮廓顶线至中线的距离。

（5）$Ry(ISO)$ 轮廓最大高度。$Ry(ISO)$ 为取样长度内轮廓峰顶线和轮廓谷底线之间的距离。

（6）$Ry(DIN)$ 轮廓最大高度。$Ry(DIN)$ 为在所有每个取样长度内轮廓峰顶线和轮廓谷底线之间的距离值中，所取的最大值。

（7）Rt 轮廓峰谷总高度。Rt 为评定长度内的轮廓最大峰高和轮廓最大谷深之和。

（8）$R3z$ 第三最大峰谷高度。$R3z$ 取样长度内第三高的轮廓峰高与第三深的轮廓谷深之和。

（9）Rq 轮廓均方根偏差。在取样长度内轮廓偏距的均方根值。如下式：

$$Rq = \sqrt{\frac{1}{l}\int_0^l y^2(x)\,dx} \qquad (5-9)$$

（10）Sm 轮廓微观不平度的平均间距。Sm 为取样长度内轮廓微观不平度的间距的平均值。

（11）S 轮廓的单峰平均间距。S 为取样长度内轮廓的单峰间距的平均值。

（12）Sk 轮廓的偏斜度。Sk 是幅度分布不对称性的量度。在取样长度内以轮廓偏距三次方的平均值来确定：

$$Sk = \frac{1}{R^3 q} \times \frac{1}{n}\sum_{i=1}^n (y_i)^3 \qquad (5-10)$$

表 5 - 8 中的数据及图 5 - 7 曲线显示，未处理的镀锌层粗糙度较大，在硅酸盐钝化处理 15 s 后其粗糙度明显降低。处理时间为 15 ~ 60 s 之间时，粗糙度变化不明显，扫描电镜得到的图像也显示，当处理时间为 15 ~ 60 s 时，所得的钝化膜层外观、均匀性较好，此时表面平整光亮、无明显结构性缺陷。但当处理时间大于 60 s 后钝化膜表面的粗糙度开始上升，这是由于在钝化液中长时间浸渍，镀锌层开始出现过腐蚀，此时的溶解速度无法与沉积速度达到平衡，致使粗糙度增大。

表 5 - 8　不同处理时间与钝化膜表面粗糙度的关系

处理时间/s	0	5	15	30	60	90	120	180
$Ra/\mu m$	0.176	0.111	0.034	0.033	0.035	0.055	0.074	0.086
$Rq/\mu m$	0.204	0.153	0.043	0.038	0.044	0.073	0.093	0.119
$Rz/\mu m$	0.187	0.461	0.051	0.034	0.061	0.077	0.227	0.369
$R3z/\mu m$	0.127	0.385	0.029	0.017	0.035	0.035	0.186	0.282
$Ry(ISO)/\mu m$	0.648	0.851	0.153	0.125	0.193	0.265	0.429	0.753

续表 5 - 8

处理时间/s	0	5	15	30	60	90	120	180
$Ry(\text{DIN})/\mu m$	1.159	1.379	0.209	0.170	0.419	0.509	0.529	1.480
$Rt/\mu m$	1.740	1.449	0.269	0.190	0.419	0.569	0.539	1.480
$Rp/\mu m$	0.211	0.425	0.077	0.048	0.105	0.077	0.213	0.325
$Rm/\mu m$	0.436	0.425	0.075	0.077	0.088	0.187	0.215	0.427
S/mm	0.2666	0.0297	0.0162	0.0083	0.0520	0.0595	0.0208	0.0357
Sm/mm	0.4000	0.0403	0.0446	0.0694	0.0694	0.1041	0.0446	0.0500
Sk	1.076	0.306	0.028	-0.957	-1.026	-4.912	-0.055	-1.317

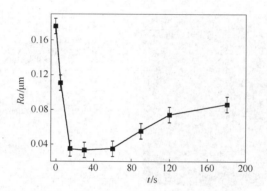

图 5 - 7　处理时间与钝化膜表面粗糙度的关系

　　由图 5 - 8 可以看出，镀锌层在未钝化时表面凹凸不平，起伏很大，其中有很多谷点，由于镀层太薄，而导致镀锌层很快被外界腐蚀而产生白锈；镀锌铬酸盐钝化在钝化过程中由于锌的溶解与钝化膜的生成，很大程度上减少了镀层表面的凹凸不平，但镀层的溶解与钝化膜的生成并不是很均匀，很容易出现孔蚀情况。镀锌硅酸盐钝化膜结构分布均匀、表面平整和外观良好，在钝化过程中由于锌的溶解与钝化膜的生成速度合适，在微观上对镀锌层的每一个单峰起到了削平的作用，如图 5 - 9a 所示，对镀锌层的每一个单谷起到了填充的作用，如图 5 - 9b 所示，由于未产生过度腐蚀，因此减少了孔蚀几率，在宏观上达到了出光的作用，得到外观光亮、表层结构均匀、平整的钝化膜。

　　用超声波去除硅酸盐钝化膜表面的腐蚀产物，其典型状态如图 5 - 10 所示。

　　从图 5 - 10 中可以看到硅酸盐钝化膜表面在腐蚀介质中萌发的腐蚀孔，腐蚀孔具有几个明显的特征：首先是腐蚀区一般有一个主要的孔（称为主孔），在主孔的周围，通常伴随着一些更小的孔（称为二次孔），主孔与二次孔的下面应该是连通的，也就是说点蚀具有明显的闭塞区。在相对闭塞的区域内，由于离子的

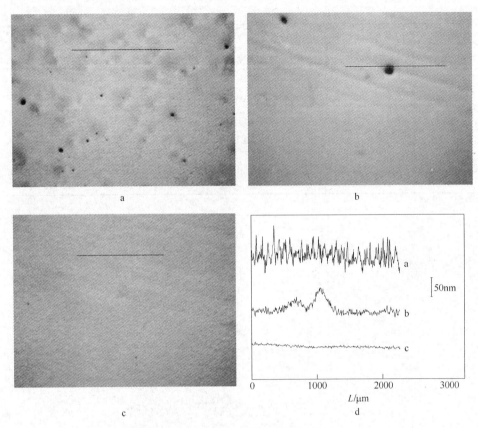

图 5-8　表面形貌及标注直线的起伏状态

a—镀锌；b—镀锌铬酸盐钝化；c—镀锌硅酸盐钝化；d—标注直线的起伏状态

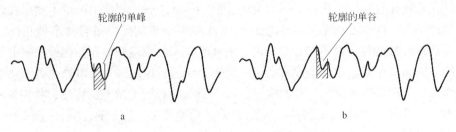

图 5-9　镀锌层表面

a—单峰；b—单谷

扩散受到阻碍和离子的水解而导致区域内部的 pH 值会降到很低，锌可以进行快速的活性溶解，从而形成小阳极区，点蚀以自催化的效应发生快速腐蚀。

为了定量地分析钝化膜表面在腐蚀介质中腐蚀孔的扩展速度，采用表面粗糙

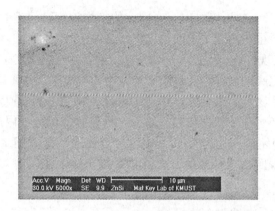

图 5 - 10 腐蚀介质中浸泡后表面典型的 SEM 形貌

度测试仪随机进行测量，记录表面状态信息，为了得到较为可靠的信息，我们需要同时分析同期的多个腐蚀孔后进行统计，其结果如图 5 – 11a、b、c 所示。

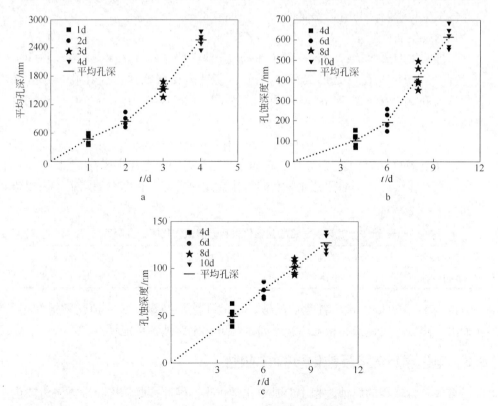

图 5 – 11 孔蚀深度与浸泡时间的关系

a—未钝化镀锌层；b—镀锌铬酸盐钝化层；c—镀锌硅酸盐钝化层

从图 5 - 11a、b、c 可以看出，腐蚀孔的平均深度随浸泡时间大致呈线性增加，镀锌未钝化层很快出现了点蚀情况，其腐蚀孔的深度迅速增加，在测试到第 4 天时其表面已出现红锈，因此未钝化层测试在第 4 天后就停止了，而铬酸盐钝化膜与硅酸盐钝化膜的耐蚀性明显高于未钝化的镀锌层，铬酸盐钝化膜在腐蚀后期，当浸泡到 10d 时其腐蚀孔深度达到 650nm，而硅酸盐钝化膜腐蚀孔深度在整个测试过程中均小于铬酸盐钝化膜，通过金相显微镜大范围内观察也可以看到，硅酸盐钝化膜在 5% NaCl 介质中浸泡 10d 后表面除了有"闭塞"型腐蚀孔的出现以外，其余的表面都非常光滑，而且其腐蚀孔深度在浸泡 10d 后基本保持在 150nm 以内。

5.7　硅酸盐钝化膜的孔隙率

孔蚀是局部腐蚀的常见形式之一，严重时会造成金属材料的穿孔，其危害相当大。对于在含有 O_2、Cl^- 等腐蚀介质的环境中工作的钢铁材料而言，如果其防护层的孔隙率较大，说明钝化膜表面的致密程度较低，极易发生孔蚀，镀锌层就会直接发生化学腐蚀与电化学腐蚀。

孔内发生的反应是：$\qquad Zn \longrightarrow Zn^{2+} + 2e \qquad\qquad$ (5 - 11)

孔外发生的反应是：$\qquad O_2 + 2H_2O + 4e \longrightarrow 4OH^- \qquad$ (5 - 12)

Zn^{2+} 与 OH^- 在孔口处形成 $Zn(OH)_2$，它呈多孔状物质覆盖在孔口，溶氧无法进入孔内，但 Cl^- 可进入孔内，与 Zn^{2+} 结合形成 $ZnCl_2$，$ZnCl_2$ 可发生水解：

$$ZnCl_2 + 2H_2O \longrightarrow Zn(OH)_2 + 2H^+ + 2Cl^- \qquad (5 - 13)$$

这样更多的 H^+ 与 Cl^- 会继续加速基体的化学腐蚀与电化学腐蚀。

分别对镀锌层、铬酸盐钝化膜和硅酸盐钝化膜进行了孔隙率的测定，检测结果如表 5 - 9 所示。

表 5 - 9　镀锌层、铬酸盐钝化膜和硅酸盐钝化膜的孔隙率

镀层类别	镀锌未钝化	铬酸盐钝化膜	硅酸盐钝化膜
孔隙/个·cm^{-2}	5 ~ 16	1 ~ 3	0 ~ 1

由表 5 - 9 可以看出，钝化后的镀锌层的孔隙率明显低于未钝化的镀锌层，从而大大降低了镀锌层直接发生化学腐蚀与电化学腐蚀的可能性。

5.8　电化学方法考察钝化膜的耐蚀性

金属在自然界的腐蚀过程主要是电化学过程，因此，利用电化学方法对钝化膜在腐蚀介质中的腐蚀行为进行电化学方面的研究非常必要[156]。本节将采用多种电化学方法如 Tafel 极化曲线、交流阻抗法、扫描电化学显微镜等对硅酸盐钝

化膜在腐蚀过程中的腐蚀行为及腐蚀机理进行分析。同时还测量了铬酸盐钝化膜及未钝化镀锌层的电化学曲线及电化学参数，与硅酸盐钝化膜进行比较。

5.8.1　Tafel 极化曲线的测量

测量待测试样在5% NaCl 溶液腐蚀介质的 Tafel 曲线，采用三电极体系，参比电极用饱和甘汞电极，辅助电极用铂电极，工作电极为镀锌层、铬酸盐钝化试样和硅酸盐钝化试样，待测电极用蜡封，暴露 $1cm^2$ 面积的表面，采用动电位扫描方式扫描速度为 5mV/s。测试后，用计算机软件拟合，求出腐蚀电位 E_{corr}、腐蚀电流密度 I_{corr}、阳极塔菲尔斜率 b_a 和阴极塔菲尔斜率 b_c 等电化学参数。

对未钝化镀锌层、铬酸盐钝化层和硅酸盐钝化层试样进行测试后，所得到的 Tafel 曲线如图 5-12 所示。

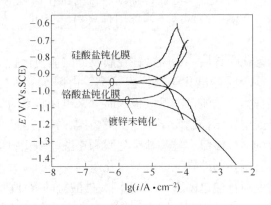

图 5-12　在 20℃ 的 5% NaCl 溶液（质量分数）中的动电位极化曲线

由图 5-12 极化曲线可以看出，经硅酸盐、铬酸盐钝化处理后的镀锌层自腐蚀电位较未钝化试样的自腐蚀电位都有明显提高，且硅酸盐钝化膜对自腐蚀电位提高的幅度大于铬酸盐钝化膜，即 $\Delta E_{Si} > \Delta E_{Cr}$，说明硅酸盐钝化膜比铬酸盐钝化膜更趋于稳定，能更有效地抑制腐蚀的发生。

表 5-10 是极化曲线进行拟合后得出的极化曲线参数，由表中数据可以看出，硅酸盐、铬酸盐钝化膜的极化曲线参数 b_a、b_c 相对于镀锌层都有所增大，表明钝化膜对腐蚀过程阴极、阳极过程均有不同程度的控制，而阳极极化的极化度明显大于阴极极化的极化度，故其腐蚀过程都主要表现为阳极控制型；钝化膜的存在使自腐蚀电流密度显著降低，表明钝化膜能显著提高镀层的耐腐蚀能力，而硅酸盐钝化膜的自腐蚀电流密度 I_{corr} 小于铬酸盐钝化膜，说明硅酸盐钝化膜的耐蚀性要高于铬酸盐钝化膜。这与中性盐雾试验及醋酸铅点滴试验结果一致。

表 5 – 10　钝化和未钝化试样极化曲线参数

钝化膜类型	E_{corr}/V	$I_{corr}/Amp \cdot cm^{-2}$	b_a/mV	b_c/mV
未钝化镀锌层	– 1.0617	2.0062×10^{-5}	66.137	40.142
铬酸盐钝化膜	– 0.9466	1.2165×10^{-5}	99.236	72.638
硅酸盐钝化膜	– 0.8828	6.1561×10^{-6}	180.663	98.579

5.8.2　硅酸盐钝化膜的交流阻抗谱特征

相对于其他的电化学方法，通过电化学阻抗谱数据拟合分析，可以得到金属/溶液界面更多的信息，例如可以获得界面电容与界面电荷转移电阻，还可以通过低频端的阻抗模值反映极化电阻的大小，进而推测腐蚀速度的大小。采用三电极体系，参比电极用饱和甘汞电极，辅助电极为工作面积为 $1cm^2$ 铂电极，工作电极为待测电极，待测电极两端及背部用环氧树脂封闭，仅暴露 $1cm^2$ 的工作面积。

图 5 – 13 为未钝化镀锌层、铬酸盐钝化膜及硅酸盐钝化膜试样在 3.5% NaCl 溶液（质量分数）中测得的电化学交流阻抗谱。由图 5 – 13 可知，镀锌层在交流阻抗谱上主要表现为容抗弧，在低频极限时并未出现斜率为 1 的直线，说明其腐蚀体系整体上是受电化学控制而不是受扩散控制，锌与溶液直接接触，腐蚀电流较大，表现为锌的活性溶解。硅酸盐钝化膜和铬酸盐钝化膜均表现为单一的容抗弧，但弧的直径有明显的差别，硅酸盐钝化膜的直径明显大于铬酸盐钝化膜的直径，表明各自的电荷传递电阻 R_t 大小不同，硅酸盐的 R_t 值为 $780\Omega \cdot cm^2$，铬酸盐的 R_t 为 $140\Omega \cdot cm^2$。一般认为钝化膜的电荷传递电阻增大，则容抗弧的直径也增大。高频半圆的直径越大也就意味着，在电化学腐蚀过程中电荷转移的阻

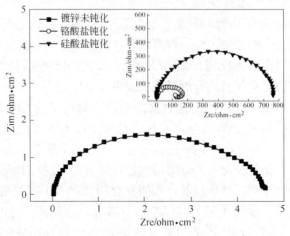

图 5 – 13　在 3.5% NaCl 溶液（质量分数）中的交流阻抗曲线

力大，钝化膜对表面电极过程的阻挡效应越好，因而硅酸盐钝化膜耐蚀性好于铬酸盐钝化膜。

从图 5 - 14 阻抗复平面图上看，硅酸盐钝化膜在 3.5% NaCl 溶液（质量分数）中不同浸泡时间的交流阻抗谱图都呈现出 1 个容抗弧，只是容抗弧的半径略有不同，这是由腐蚀产物层引起的，从图中还可以看出，硅酸盐钝化膜在不同浸泡时间的阻抗谱都对应着 1 个时间常数，低频端阻抗有增大的趋势，但总体变化不大。

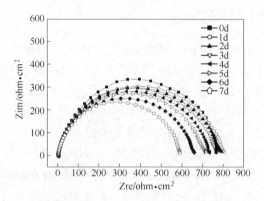

图 5 - 14　硅酸盐钝化膜在 3.5% NaCl 溶液（质量分数）中
不同浸泡时间的交流阻抗曲线

根据以上的分析，可以采用图 5 - 15 等效电路来拟合钝化膜在不同浸泡时间的电化学阻抗谱，拟合结果列于表 5 - 11。从拟合的结果来看，从开始到浸泡 7 天后，界面电容 Q_{dl} 在 $1.843 \times 10^{-6} F/cm^2$ 到 $2.556 \times 10^{-6} F/cm^2$ 之间波动；电荷转移电阻 R_t 由开始的 $720.2\Omega \cdot cm^2$ 先升高至 $787.2\Omega \cdot cm^2$，然后降低至 $639.7\Omega \cdot$

$R_s(Q_{dl}R_t)$

图 5 - 15　拟合硅酸盐钝化膜在
3.5% NaCl（质量分数）
介质中的等效电路图

cm^2。总体来说无论是界面电容 Q_{dl} 还是电荷转移电阻，R_t 随时间变化均不大。

表 5 - 11　对硅酸盐钝化膜在 3.5% NaCl（质量分数）介质中的
电化学阻抗谱进行拟合后的结果

项　　目	浸泡时间/d							
	0	1	2	3	4	5	6	7
等效电路	①	①	①	①	①	①	①	①
$R_s/\Omega \cdot cm^2$	5.99	6.331	5.998	6.302	6.393	5.299	5.298	5.303
$Q_{dl}/10^{-6}F \cdot cm^{-2}$	2.081	1.843	1.953	2.106	2.056	2.544	2.556	2.501

项　目	浸泡时间/d							
	0	1	2	3	4	5	6	7
n_{dl}	0.9489	0.9565	0.9562	0.9410	0.9446	0.9400	0.9393	0.9421
$R_t/\Omega \cdot cm^2$	720.2	787.2	746.5	744.1	728.2	706.8	669.1	639.7

①$R_s(Q_{dl}R_t)$。

5.8.3　扫描电化学显微镜的测量

扫描电化学显微镜与扫描隧道显微镜（STM）的工作原理类似[157,158]，但 SECM 测量的不是隧道电流，而是由化学物质氧化或还原给出的电化学电流。尽管 SECM 的分辨率较 STM 低，但 SECM 的样品可以是导体，绝缘体或半导体，而 STM 只限于导体表面的测量。SECM 除了能给出样品表面的形貌外，还能提供丰富的化学信息，其可观察表面的范围也大得多。

5.8.3.1　扫描电化学显微镜（SECM）工作原理

实验装置采用美国 CH Instruments 公司生产的 CHI 900B 型扫描电化学显微镜测试系统，如图 5 - 16 所示，工作电极为超微铂探针电极（Pt - UME，$\phi10\mu m$），辅助电极为铂丝电极，参比电极为银/氯化银电极（Ag/AgCl）（SCE），第二工作电极为铁丝电极（$\phi2mm$）。第二工作电极表面经金相砂纸逐级打磨后用 1.5μm 和 0.5μm 的抛光粉进行抛光，经丙酮除油，二次去离子水清洗后用吹风机吹干待用。

图 5 - 16　扫描电化学显微镜测试系统图

与其他扫描探针显微镜相同，扫描电化学显微镜（SECM）也是基于非常小的电极（探头），如图 5 - 17 所示，通常 SECM 采用电流法，用超微电极作探

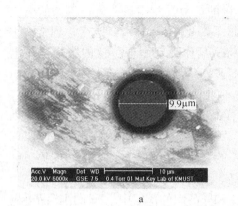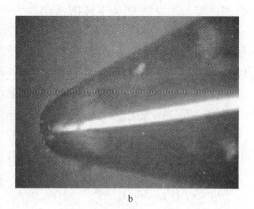

a   b

图 5-17 扫描电化学显微镜

a—扫描电化学显微镜针尖；b—探针外观

头，在靠近样品的表面进行扫描[159]。

在电流法实验中，探头的电流会受到样品的影响。当探头远离（大于探头电极直径几倍）样品表面时（见图 5-18a），流过探头电极的稳态电流 $i_{T,\infty}$ 为[160]：

$$i_{T,\infty} = 4nFDCa \qquad (5-14)$$

式中，F 为法拉第常数；n 为探头上电极反应（$O + ne \longrightarrow R$）所涉及的电子数；D 为反应物 O 的扩散系数；C 为浓度；a 为探头电极的半径。当探头移至绝缘样

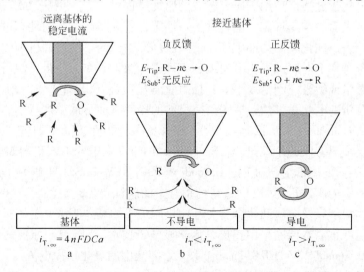

图 5-18 扫描电化学显微镜工作原理

a—远离基底圆盘状探针的半球形扩散；b—绝缘基底对扩散的阻碍；c—导电基底上的正反馈

品表面时，反应物 O 从本体溶液向探头电极的扩散受到阻碍，流过探头的电流 i_T 会减小。探头越接近于样品，电流 i_T 就越小（见图 5 - 18b）。这个过程常被称作"负反馈"。如果样品是导体，则通常将样品作为双恒电位仪的第二工作电极，并控制样品的电位使得逆反应（$R - ne \longrightarrow O$）发生。当探头移至样品表面时，探头的反应产物 R 将在样品表面重新转化为反应物 O 并扩散回探头表面，从而使得流过探头的电流 i_T 增大。探头离样品的距离越近，电流 i_T 就越大（见图 5 - 18c）。这个过程则被称为"正反馈"[161~165]。以上的两种简单的反馈原理就构成了 SECM 工作原理的基础。流过探头的电流和探头与样品的间距的关系已有理论推导。通过测量电流，还可得到样品表面的化学和电化学活性。

在 SECM 的实验中，总反应局限于探头和样品间的薄层中。如果用样品电极来产生反应产物并以探头来收集（Substrate - Generation/Tip - Collection，或 SG/TC 方式），探头被移至样品电极产生的扩散层内。这种方式被用于腐蚀，以及样品表面发生的异相过程[166~171]。当样品电极较大时，这种方式的应用具有某些局限性：

（1）大的样品电极不容易达到稳态；

（2）样品电极的较大电流会造成较大的 iR 降；

（3）收集效率（即探头电流与样品电极的电流之比）较低。因此对于动力学测量经常用探头来产生反应产物而用样品电极来收集（Tip - Generation/Substrate - Collection，或 TG/SC 方式）。

5.8.3.2　扫描电化学显微镜（SECM）在金属腐蚀中的应用

扫描电化学显微镜适用于研究金属的腐蚀过程[172~176]。用 SECM 可以原位测量腐蚀电极表面的空间形貌、电化学均一性等，研究腐蚀电极的动态过程；还可以研究金属表面钝化膜的局部破坏、消长、局部腐蚀的早期过程机理。从微米或纳米空间分辨率上对腐蚀发生、发展的机理进行深入研究，使得腐蚀研究整体水平深入到微米或纳米空间的水平。扫描电化学显微镜（SECM）技术作为一种现场空间高分辨的电化学方法，对于研究材料的局部腐蚀可从微观得到非常有价值的信息。Y. González - García 等人[177,178]在开路条件下用 SECM 研究了不锈钢点腐蚀和涂层金属膨胀的早期过程。Seegmiller J C[179]采用 SECM 和 SEM 研究了铝合金 2024 表面的局部溶解过程。Davoodi A 采用 AFM 和 SECM 研究了铝合金在氯化钠溶液中的腐蚀行为[180,181]，认为铝合金的腐蚀首先是点蚀，主要是由于金属间化合物溶解以及金属间化合物与基体接触边界的基体溶解，且阳极极化电位越高腐蚀越严重。本课题采用扫描电化学显微镜技术（SECM）原位测试硅酸盐钝化膜在 0.5mmol/L FcOH/0.1mol/L KCl 水溶液中的氧化还原电流。

5.8.3.3　定位 SECM 针尖电极

实验进行前将铂探针、基底电极用 $0.05 \mu m$ Al_2O_3 浆抛光，在二次去离子水中超声清洗，经丙酮除油，二次去离子水清洗后用吹风机吹干待用。

将装置按图 5-19 安装好，超微电极垂直固定在 SECM 的爬行器上（Z 轴）然后在电解池中放入活性物质（0.5mmol/L FcOH/0.1mol/L KCl，10mL）。分别将针尖和基底电极电位控制在 -0.5V 和 0V，以 0.25μm/s 速度将针尖向基底逼近，当针尖电流增大全其在本体溶液中电流的 75% 时停止进针。在此基础上，通过调节针尖上下移动可精确控制针尖-基底间距至所需距离。

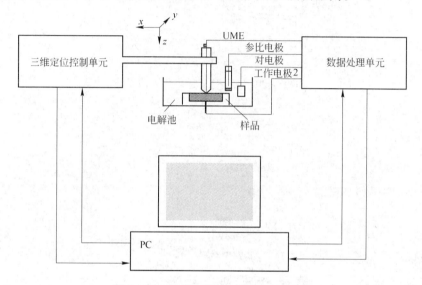

图 5-19   扫描电化学显微镜测试系统

5.8.3.4   扫描电化学显微镜测试

A   仪器标定

a   循环伏安曲线

图 5-20 表现为 10μm 直径 SECM 盘状超微电极表面在二茂铁甲醇溶液中经历可逆氧化还原反应的典型稳态循环伏安曲线，测得其稳态电流 $i_{T,\infty} = 3nA$，这与 10μm 直径 SECM 超微电极在 1mmol/L 二茂铁甲醇溶液中的理论值非常接近，同时，可以看出电极对二茂铁甲醇有较好的响应，氧化电流和还原电流均呈 S型，说明电极的内阻不大，可以进行下一步实验。

b   渐近曲线

当探针从几个探针半径距离移向基底时，探针电流 i_T 与探针基底间距 d 的函数曲线，称为渐近曲线。这一曲线提供了有关基底本质方面的信息。对一个固定在薄层绝缘平面外壳中的盘状超微探针，渐近曲线可由数字模拟的方法进行计算，对完全绝缘的基底（探针生成的物质 R 不反应）和活性基底（在扩散控制速率下发生 R 氧化回到 O）给出的结果，见图 5-21。

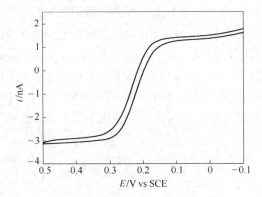

图 5 – 20　典型稳态循环伏安曲线

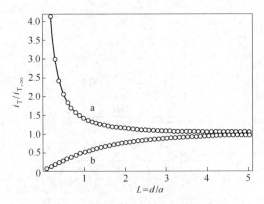

图 5 – 21　基底上 SECM 稳态电流渐近曲线

a—导电基底；b—绝缘基底

　　SECM 定量分析中，人们通常用实验数据来拟合理论的 i – d 曲线而得到探头 – 基底之间距离等于零的点，从而可算出两者之间的距离。对于正、负反馈模式，应用有限元法，在稳态情况下（与时间无关），对于基底是导体或绝缘体时，探头上的电流随 d 变化的数值解。也可以用符合拟合值的近似分析表达式来给出不同基底的归一化电流 $i_T(L)$ 与归一化距离 L 之间的关系：图 5 – 20 为扫描电化学探针在二茂铁甲醇中接近导体和绝缘体表面的典型渐近曲线，理论渐近曲线可以用式（5 – 15）和式（5 – 16）表示：

$$i_T(L) = k_1 + \left(\frac{k_2}{L}\right) + k_3 \exp\left(\frac{k_4}{L}\right) \tag{5 – 15}$$

$$i_T(L) = \frac{1}{k_1 + \left(\dfrac{k_2}{L}\right) + k_3 \exp\left(\dfrac{k_4}{L}\right)} \tag{5 – 16}$$

式中，$i_T(L)$ 是在离盘状电极距离为 L 处的归一化针尖电流（$i_T/i_{T,\infty}$），L 是针尖到基底的归一化距离，$L=d/a$，d 是针尖到基底距离，a 是针尖直径，公式（5-15）和式（5-16）被用来计算不同 RG 值的理论渐近曲线。

B 镀锌层的 SECM 表征

选用恒高度模式下，基底产生探头收集电流的模式，即探头和基底作为工作电极，其中基底电极发生反应产生的一种物质，探头电极对基底产物进行收集检测。工作电极直径 2mm，探头直径 $10\mu m$，当基底开路，收集探头电位为 0.5V 时所产生的电流。图 5-22 和图 5-23 为 SECM 扫描未钝化镀锌层产生电流的二维和三维图像。

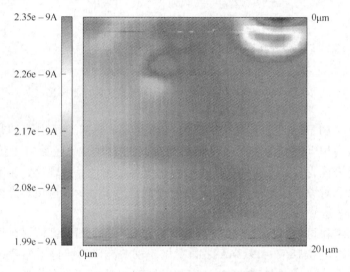

图 5-22 扫描电化学显微镜二维图像（镀锌未钝化）

如图 5-22 所示，在扫描电化学显微镜的二维图像上我们可以看出，整个镀锌层表面的电流分布大约为 20nA，但是在右上角有一块类似环行的电化学活性区，此区域电流突然明显增大，是最容易发生点蚀的区域。

在二维图像中我们不容易直观地、定量化地比较电流变化的大小，于是我们将其转换为三维图像，如图 5-23 所示，在图 5-23 中我们可以更清楚地比较出电流变化的程度。图 5-23 中的三维图像是以 $X-Y$ 为基底平面，Z 轴作为 $X-Y$ 坐标位置函数的探头电流 i_T，探头电流 i_T 变化反映基底形貌和相应的电化学信息，图例中电流由小到大表现为红色向蓝色转变。

由图 5-23 可以看出，当探头对基底进行面扫描时，电流起伏很大，在 19.89~23.5nA 之间进行变化，并且在 x 坐标为 160~200μm、y 坐标为 20~40μm 区域出现电流的巨大起伏点，此时电流达到最大为 23.5nA，此区域较最低

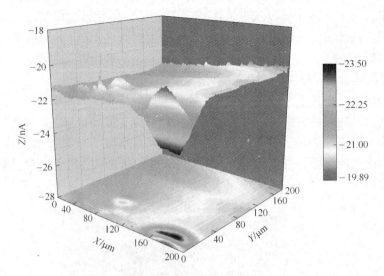

图 5 – 23　扫描电化学显微镜三维图像（镀锌未钝化）

点电流高出 3.61nA，我们称这块区域为"热点"。"热点"区电流的升高是对镀层表面孔隙的相应，也是表面电化学活性提高的表现，此区域电子传递速率较高，宏观上表现为镀锌零部件在使用过程中更容易出现点蚀现象，影响电镀产品的使用寿命。对镀锌层的表面进行钝化处理就是为了减少或避免热点的产生。

C　镀锌铬酸盐钝化的 SECM 表征

图 5 – 24 和图 5 – 25 为铬酸盐钝化膜的 SECM 表征图。镀锌层在经过铬酸盐钝化后，其电流在 18.7～19.3nA 之间变化，较未钝化的镀锌层而言，电流变化

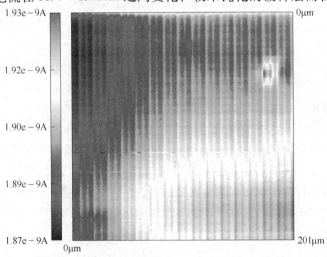

图 5 – 24　扫描电化学显微镜二维图像（铬酸盐钝化）

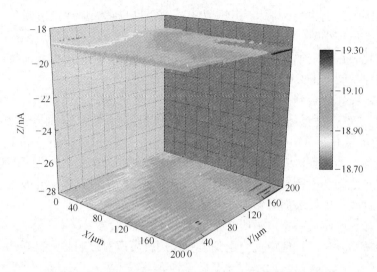

图 5 - 25　扫描电化学显微镜三维图像（铬酸盐钝化）

范围明显变小，而且其电流绝对值也相对变小，这说明，钝化膜对基底的溶解具有抑制作用，阻碍了电荷转移过程。从面扫描的三维图中可以看出钝化后的电极比未钝化的电极表面的探头电流更趋于平和，没有镀锌层电极那么大的电流起伏，说明钝化后的电极表面更趋于均匀。虽然铬酸盐钝化膜表面没有出现像镀锌层表面那么明显的"热点"现象，但在 X 坐标为 $170 \sim 180\mu m$、Y 坐标为 $40\mu m$ 附近的区域电流值明显区别于其周边区域，这个区域很容易发展成为"热点"，我们称之为"热点"萌生区，这些区域将随着时间的延长，转变为"热点"的几率将大大增加，因此，要想对电极表面起到更有效的保护，必须降低这些成为热点区域的数量，减少出现点蚀的几率。

　　图 5 - 26 为采用直径是 $10\mu m$ 的铂盘超微电极靠近平整的铬酸盐钝化膜基底

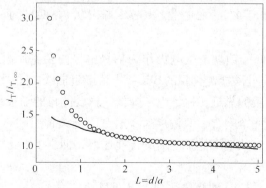

图 5 - 26　铬酸盐钝化膜 SECM 电流渐近曲线

过程所得到的渐近曲线, 其基底电压为 0V, 探针电压为 0.5V。由图 5 - 26 可以看出, 当 L 值较小时, 电极电流比纯绝缘体的电流大, 比纯导体的电流小, 可见铬酸盐钝化膜在一定程度上降低了基体表面的导电性, 阻碍了电子的传递, 延缓了氧化还原中间体 FcOH 的再生。

D 镀锌硅酸盐钝化膜的 SECM 表征

镀锌层经过硅酸盐钝化后, SECM 所测得的钝化膜表面电流在 17.2 ~ 18.2nA 之间变化, 其电流绝对值较镀锌层和铬酸盐钝化层要小 (见图 5 - 27), 可见, 硅酸盐钝化膜对镀锌层基底的溶解具有很好的抑制作用, 能有效地阻碍镀锌层与探针之间的电荷转移过程。从面扫描的三维图中可以看出硅酸盐钝化后的电极比未钝化的电极表面和铬酸盐钝化后的探头电流更趋于平和, 不存在电化学高活性区域, 没有镀锌层电极所产生的 "热点" 现象 (见图 5 - 28)。硅酸盐钝化膜对溶液中发生氧化还原反应起到阻碍作用, 可以对镀层起到更好的保护。

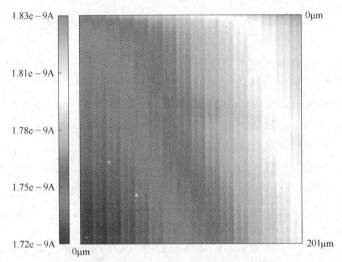

图 5 - 27　扫描电化学显微镜二维图像 (硅酸盐钝化)

采用直径 10μm 的铂盘超微电极作为扫描电极, 在基底电压 0V, 探针电压 0.5V 的条件下获得硅酸盐钝化膜的 SECM 电流渐近曲线, 见图 5 - 29。随着探针电极向硅酸盐钝化膜的靠近, 探针电流降低, 试验测得的渐近线虽不能与纯绝缘体的理论渐近曲线完全吻合, 但偏离速率有限。与镀锌层和铬酸盐钝化膜相比, 硅酸盐钝化膜更加有效地降低了电荷的传递速率, 抑制了氧化还原中间体在基体表面的再生。

E 盐水浸泡后镀锌层及钝化膜的 SECM 表征

接着我们对三种样品进行 5% NaCl (质量分数) 盐水浸泡腐蚀实验, 并采用

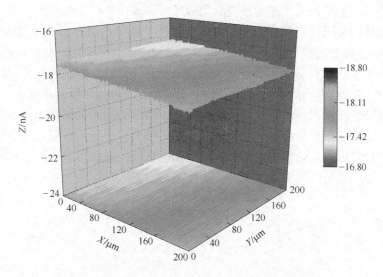

图5-28 扫描电化学显微镜三维图像(硅酸盐钝化)

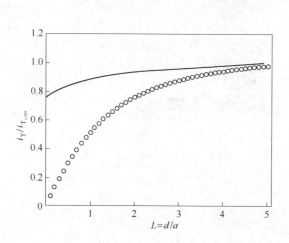

图5-29 硅酸盐钝化膜SECM电流渐近曲线

扫描电化学显微镜对腐蚀后的样品表面进行面扫描和线扫描,记录其表面的电流变化,腐蚀初期为浸泡24h,腐蚀后期为浸泡120h。

图5-30为镀锌层、铬酸盐钝化膜和硅酸盐钝化膜在5% NaCl(质量分数)盐水浸泡腐蚀后的扫描电化学显微镜面扫描与线扫描图像,图5-30a是镀锌层的扫描电化学显微镜图像,从图中我们可以看出,镀锌层表面在腐蚀初期表面就存在较多缺陷,多个尖锐的电流峰值出现在样品表面,这意味着镀锌层表面的不均匀性,同时,在横向和纵向的线扫描图中我们也可以看出,镀锌层表面电流分

布很不均匀，起伏较大。随着浸泡时间的延长，表面电流不断增大，而且在横向和纵向的线扫描图中表现为锯齿状的电流起伏，这些是镀锌层快速腐蚀引起的；图 5 – 30b 是铬酸盐钝化膜的扫描电化学显微镜图像，与镀锌层相比，除了尺寸、形状的显著变化和当前峰的个数外，随着浸泡时间延长，尖锐的电流峰值出现在样品表面，这意味着钝化膜表面的不均匀性或错位的钝化膜的形成；图 5 – 30c 是硅酸盐钝化膜的扫描电化学显微镜图像，在腐蚀初期，硅酸盐钝化膜的表面电流起伏，无论是横向线扫描还是纵向线扫描，都明显小于镀锌层和铬酸盐钝化膜层，在腐蚀后期，虽然也开始出现表面电流的波动，但总体来说只是在小范围内的起伏，说明在坑深度方向阳极溶解速度减慢。

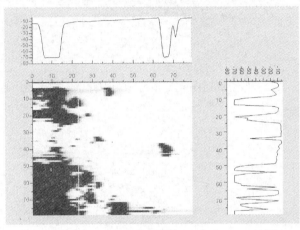

腐蚀初期

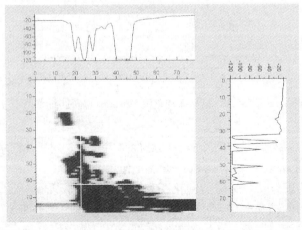

腐蚀后期

a

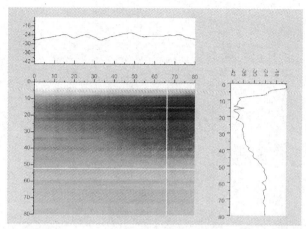

腐蚀初期

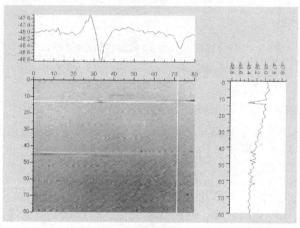

腐蚀后期

b

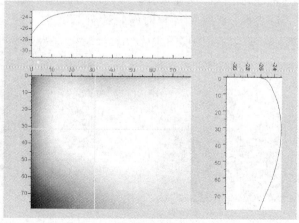

腐蚀初期

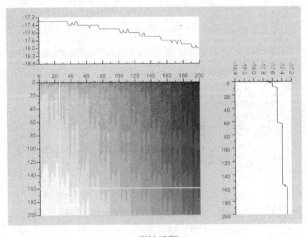

腐蚀后期

c

图 5 - 30　扫描电化学显微镜面扫描及线扫描图像

a—镀锌未钝化；b—铬酸盐钝化；c—硅酸盐钝化

F　对不同处理时间钝化膜的 SECM 表征

为了更进一步了解硅酸盐钝化膜的耐蚀机理，采用扫描电化学显微镜技术对不同钝化时间下硅酸盐钝化膜的扫描电化学图像进行分析，实验结果如图 5 - 31 所示。

图 5 - 31 是不同钝化时间下的扫描电化学显微镜图像，从图中我们可以看出，钝化初期由于钝化膜较薄，在镀锌层表面还未形成完整的钝化膜，因此在其表面所测得的扫描电化学显微镜图像表现为电流较大，并且电流分布也很不均匀，存在钝化膜与未钝化金属的明显边界；随着钝化时间的延长，钝化膜开始慢慢全面覆盖在镀锌层表面，但是当钝化时间延长至 120s 时，钝化膜表层的电流

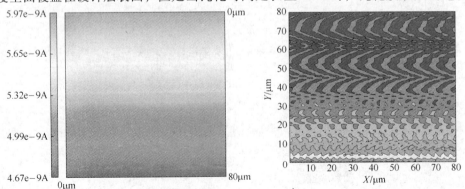

a

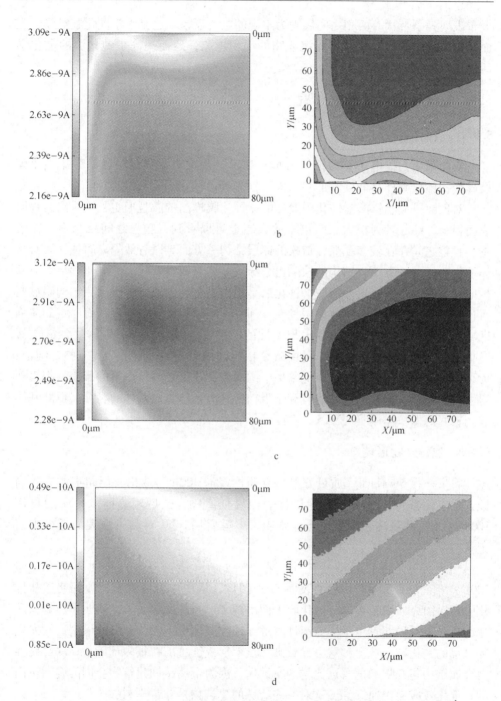

图 5-31　不同钝化时间下的扫描电化学显微镜图像

a—钝化 5s；b—钝化 15s；c—钝化 30s；d—钝化 120s

分布表现为条带状，两相之间表现为不同的电流反馈，这是由于钝化膜过厚，表面开始出现硅酸盐钝化膜多相沉积物的堆积现象，反而提高了钝化膜的电化学活性。

5.9　扫描电镜观察微观形貌

5.9.1　表面形貌

实验采用扫描电子显微镜（SEM）技术，观察对比镀锌层、铬酸盐钝化膜及硅酸盐钝化膜样品的微观形貌结构。

对比镀锌层、铬酸盐钝化膜及硅酸盐钝化膜样品的微观形貌，可看出镀锌层表面粗糙，结晶较为粗大，高倍率放大图上可以看到，颗粒之间结合不是很紧密，颗粒之间存在较多孔隙，疏松的镀层结构一方面难以有效隔离腐蚀介质对基体的侵袭，另一方面，结构的缺陷也会导致基体表面具有较高的电化学活性，发生电化学腐蚀；镀锌层经铬酸盐钝化后呈现出较为均匀致密的膜层，结构明显变得比较细致，但在高倍率放大图像上，却发现钝化膜的表面还存在着一定的缺陷区域，这些区域很可能成为其出现点蚀的"热点"萌生区域；镀锌层经硅酸盐钝化液处理后形成的钝化膜，是由微小颗粒堆积而成的，膜层结构完整、细密、无裂纹，缺陷较少，无论是在低倍率下的形貌，还是较高倍率下的形貌，都表现得均匀、细腻。这样的膜结构有利于阻挡各种离子和氧对基体的腐蚀，可对基体起到较好的保护作用（见图 5 - 32）。

5.9.2　腐蚀产物形貌

将试样在 5% NaCl（质量分数）介质中浸泡 300h 后取出，用超声波去除腐蚀试样表面残留的盐分，清除试样表面腐蚀产物，然后用蒸馏水冲洗后再用 100% 无水乙醇清洗，用热风迅速吹干。干燥后用 SEM 对其腐蚀表面进行观察记录。

图 5 - 33 是镀锌铬酸盐钝化膜在 5% NaCl（质量分数）腐蚀介质中浸泡 300h、清除表面腐蚀产物后的表面 SEM 图像，从图中可以看出，镀锌铬酸盐钝化膜在腐蚀介质中，在部分钝化膜表面出现了严重的局部腐蚀，表明了镀锌铬酸盐钝化膜表面局部发生了快速活性溶解。钝化破坏出现时，金属的溶解通常发生在局部的钝化破坏点上，这会导致破坏点上形成蚀坑。在很多环境中，局部腐蚀对金属结构建筑物的危害远比均匀腐蚀大，因为金属结构建筑物会因为腐蚀坑内的自催化效应而快速蚀穿，这对一些特殊的建筑物是非常不利的。

图 5 - 34 是硅酸盐钝化膜腐蚀后的 SEM 图像，与铬酸盐钝化膜腐蚀结果不同，硅酸盐钝化膜腐蚀后表面状态相对均匀，未发现明显的点蚀坑，可见，硅酸

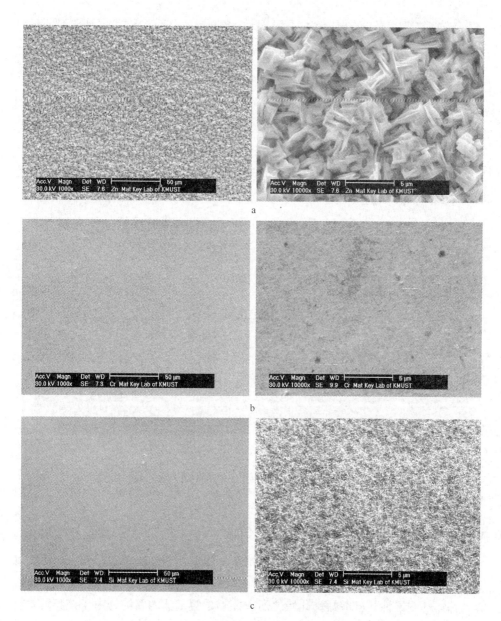

图 5 – 32 样品表面微观形貌 SEM 图
a—镀锌层；b—铬酸盐钝化膜；c—硅酸盐钝化膜

盐钝化膜在 5% NaCl（质量分数）介质中主要是以均匀腐蚀的方式进行，没有严重的局部腐蚀。因此，在相同的耐蚀性下，硅酸盐钝化能比铬酸盐钝化对基体提供更好的保护作用。

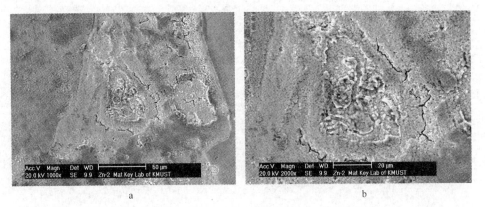

图 5 – 33　5% NaCl（质量分数）腐蚀介质中铬酸盐钝化膜腐蚀后的 SEM 像

图 5 – 34　5% NaCl（质量分数）腐蚀介质中硅酸盐钝化膜腐蚀后的 SEM 像

5.10　硅酸盐钝化膜的耐蚀机理分析

　　未钝化镀锌层、铬酸盐钝化膜和硅酸盐钝化膜在醋酸铅点滴试验、中性盐雾腐蚀试验、中性盐水浸泡腐蚀试验均表明硅酸盐钝化膜较铬酸盐钝化膜能更有效提高基体的耐蚀性。硅酸盐钝化膜之所以能够延缓基体的腐蚀是由于该膜层具有均匀、细致的结构，正因为如此，硅酸盐钝化膜在物理性能测试中表现出良好的附着力和较强的硬度。

　　交流阻抗谱显示，钝化膜的高频区容抗弧较未钝化试样大为增大，这是因为钝化膜的存在，使交流阻抗高频区的反应电阻增大，从而电化学腐蚀反应倾向降低，阴极所起到的去极化作用大大降低，反应过程由电化学过程所控制。Tafel曲线测试表明，硅酸盐钝化过程增大了阳极极化度，钝化膜通过抑制锌镀层腐蚀的阳极过程，使镀锌层腐蚀速率得以降低，从而控制了整个腐蚀过程的进行。

由以上分析可知，硅酸盐钝化膜的可能耐腐蚀机理为：

（1）隔离作用：由量子化学计算、XPS 分析及扫描电化学显微镜的测试结果可知，钝化液中带正电荷的锌离子与其他离子作用，形成的不溶性 ZnO、$ZnSiO_3$ 或 $Zn_4Si_2O_7(OH)_2 \cdot 2H_2O$ 等产物附着在镀锌层表面，钝化液中的胶态 SiO_2 粒子填充于化合物的孔隙，形成钝化膜。从粗糙度测试和孔隙率测试的结果可以看出，硅酸盐钝化膜表面平整，孔隙率低。高倍的场发射扫描电镜图也表明，硅酸盐钝化膜是由无数细微粒子紧密排列而成的，虽然由几种不同的物质共同组成，其结构非常均匀致密，无明显的瑕疵。这样的结构能机械地把镀锌层表面与腐蚀介质隔离开来，有效地阻挡外界氯离子和氧等腐蚀介质对镀锌层的侵蚀，从而提高钝化膜的耐蚀效果及使用寿命。

（2）电化学缓蚀作用：通过渐近曲线和对钝化膜的面扫描，我们知道，硅酸盐钝化膜具有较低的电化学活性，能够有效地降低基体表面电子的传递速率，起到了电化学缓蚀的作用，交流阻抗谱测试结果也表明，在高频区，硅酸盐钝化膜的容抗弧远大于镀锌层，钝化膜的生成使阻抗谱中高频区的电化学反应电阻显著增大，R_t 值达 $780\Omega \cdot cm^2$，有效地阻碍电荷的自由传输，腐蚀电流密度由 $2.0062 \times 10^{-5} Amp/cm^2$ 降至 $6.1561 \times 10^{-6} Amp/cm^2$，表面微电池的腐蚀反应发生倾向明显降低，从而抑制了腐蚀过程，有效地提高了镀锌层的耐腐蚀性能和抗白锈能力。

5.11　本章小结

（1）通过绘制 $Zn-H_2O$ 系和 $Zn-Si-H_2O$ 系的 $E-pH$ 图，从热力学角度考察了镀锌层硅酸盐钝化膜的腐蚀倾向：锌金属只有在弱碱性条件下存在狭窄的钝化区；而在 $Zn-Si-H_2O$ 系中，中性至碱性区域均表现为钝化区。硅酸盐和硅氧化合物的存在使钝化区域显著扩大。镀锌层、铬酸盐钝化膜和硅酸盐钝化膜的醋酸铅点滴试验、中性盐雾腐蚀试验和中性盐水浸泡腐蚀试验中的耐蚀试验结果均表明：硅酸盐钝化膜的存在显著提高了镀锌层的耐腐蚀性能，且耐蚀性略优于铬酸盐钝化膜。

（2）合适的钝化时间可显著提高钝化膜的硬度和附着力：钝化时间过短（小于5s）或过长（大于180s）钝化膜的硬度和附着力均不高，当钝化时间在 15～180s 之间时，镀锌层表面被钝化膜覆盖完全，钝化膜与基体之间结合力与膨胀应力趋向于平衡，钝化膜具有很好的附着力，其维氏硬度保持在 $130HV_{50}$ 附近。

（3）钝化后的镀锌层的孔隙率明显低于未钝化的镀锌层，从而大大降低了镀锌层直接发生化学腐蚀与电化学腐蚀的可能性，而且硅酸盐钝化膜的孔隙率较铬酸盐钝化膜的更低。

（4）极化曲线测试表明：硅酸盐钝化膜及铬酸盐钝化膜的自腐蚀电位相对于镀锌层有明显提高、腐蚀速率大大降低，且 $\Delta E_{Si} > \Delta E_{Cr}$，$I_{corr}(Si) < I_{corr}(Cr)$，说明硅酸盐钝化膜比铬酸盐钝化膜能更有效地抑制腐蚀的发生，其腐蚀速率更低；硅酸盐钝化膜的阴极和阳极极化度相对于镀锌层都有所升高，说明钝化膜对腐蚀过程阴极、阳极过程均有不同程度的控制，而阳极极化度为 180.663mV，明显大于阴极极化度 98.579mV，其腐蚀过程均主要表现为阳极控制型。

（5）未钝化镀锌层、铬酸盐钝化膜及硅酸盐钝化膜试样在 3.5% NaCl 溶液（质量分数）中的电化学交流阻抗分别为 $4.5\Omega \cdot cm^2$、$140\Omega \cdot cm^2$ 和 $780\Omega \cdot cm^2$，交流阻抗的增加，电化学反应的倾向明显降低，导致氧所起的作用也同时大大降低，通过阻碍氧和电子的自由传输，抑制了表面微电池的腐蚀反应发生。

（6）通过扫描电化学显微镜，分别对未钝化镀锌层、铬酸盐钝化膜及硅酸盐钝化膜进行了电化学表征，未钝化镀锌层在某些区域出现电流的巨大起伏点，这些"热点"将造成镀锌层在使用过程中更容易出现点蚀现象；铬酸盐钝化膜的电流变化范围明显变小，没有出现像镀锌层表面那么明显的"热点"现象，但在其表面的某些区域内仍然可以看出有"热点"萌生的迹象；硅酸盐钝化后的电极表面更趋于均匀，硅酸盐钝化膜没有显著的电流起伏，且电流绝对值更小，可见硅酸盐钝化膜阻碍了电荷转移过程，对基底的溶解具有抑制作用。

（7）通过对未钝化镀锌层、铬酸盐钝化膜和硅酸盐钝化膜的微观形貌观察，金相显微镜下镀锌层在未钝化时表面凹凸不平，起伏很大，镀锌层易被外界腐蚀而产生白锈；镀锌铬酸盐钝化在钝化过程中由于锌的溶解与钝化膜的生成，在很大程度上减少了镀层表面的凹凸不平；镀锌硅酸盐钝化膜是由微小颗粒堆积而成的，膜层结构完整、细密、无裂纹，缺陷较少，对镀锌层基体的覆盖性好，在钝化过程中由于锌的溶解与钝化膜的生成速度合适，由于未产生过度腐蚀，减少了孔蚀几率；通过 SEM 对进行腐蚀后微观形态的分析结果表明，硅酸盐钝化膜在 5% NaCl（质量分数）介质中不会像铬酸盐那样出现严重的局部腐蚀与腐蚀坑，而是以均匀腐蚀的方式进行。

（8）硅酸盐钝化膜之所以能够提高镀锌层耐蚀性是由于钝化膜对腐蚀介质的机械隔离作用，钝化膜结构均匀致密，平整的表面和较低的孔隙率使钝化膜有效地阻挡外界水氯离子和氧等腐蚀介质对镀锌层的侵蚀；同时，硅酸盐钝化膜的电化学活性较低，通过阻碍氧和电子的自由传输，抑制了表面微电池的腐蚀反应发生，腐蚀电流密度得以降低，从而控制了腐蚀过程，起到了电化学缓蚀作用，提高钝化膜的耐蚀效果及使用寿命。

第二篇　工程实践

GONGCHENG SHIJIAN

6 示范工程建设及经验

6.1 概述

镀锌硅酸盐钝化工艺经过小试、扩大试验及中试，现已在昆明市某电镀厂进行了产业化前期应用工作，经过两年多的应用，本工艺在钝化膜外观、耐蚀性、钝化液稳定性及环保安全性等各个方面均已达到或超过了传统的镀锌铬酸盐钝化工艺水平，目前昆明市某电镀厂已在该厂多个系列的产品中使用该硅酸盐钝化工艺，截至 2010 年 7 月镀锌硅酸盐钝化工艺已实现产值 1200 余万元。

本章将进行硅酸盐钝化工艺的产业化前期考察，对各种形状复杂、大小不一的零部件进行钝化处理，考察硅酸盐钝化膜的外观均匀性，产品耐蚀性，硅酸盐钝化工艺扩大后在连续生产过程中钝化液性质的变化规律及钝化液的维护方式。

6.2 镀锌硅酸盐钝化膜的用途及市场分析

6.2.1 镀锌硅酸盐钝化膜的用途

镀锌硅酸盐钝化膜在抗大气腐蚀、抗海水腐蚀等方面具有较高的耐蚀性，对于工作环境为弱酸、弱碱、O_2、Cl^-、SO_2 等腐蚀介质的钢铁材料，该钝化膜具有很好的对基体保护作用，可以明显延长钢铁零部件的使用寿命，镀锌硅酸盐钝化膜技术的主要应用范围为：

（1）板材：用于各种干燥设备、储运容器、车辆的内外板、高速公路护栏、各种指示标牌、广告牌、交通路标、家电、房屋、卷帘门、夹心板、围墙等。

（2）管材：用于工业管道、自来水管、排雨水管、通风管等。

（3）线材：用于渔业用钢丝绳、网、公路隔离网、铠装电缆、打包带等。

（4）型材：用于野外框架结构、塑料大棚的结构件、各种车体支架及其他耐腐蚀部件、马路灯杆、隔离栏杆、货柜、门窗、屋顶、新型墙体轻钢龙骨、吊顶龙骨、瓦楞板以及各种轻钢结构厂房、各种输电铁塔、电视发射、转播塔、寻呼机发射塔、卫星地面中继站塔、电缆托架等。

综上所述，镀锌硅酸盐钝化膜可以广泛地应用在农牧渔业、工业、轻工、建筑、能源、家电、通讯、交通、汽车等众多领域，用途十分广泛。

6.2.2　镀锌硅酸盐钝化膜的市场分析

（1）镀锌硅酸盐钝化膜的工业应用腐蚀试验表明，该钝化膜对于钢铁材料的防护性能优于普通的油漆，既能延长防护周期，又能节约防护材料，可以创造巨大的经济效益。因此，镀锌硅酸盐钝化膜可以为钢铁零件提供比油漆更有效的防护，其市场非常广阔。

（2）镀锌硅酸盐钝化膜环境友好，且其耐蚀性能及其他综合性能略优于传统镀锌铬钝化膜，所以传统镀锌铬钝化膜的市场即是镀锌硅酸盐钝化膜的潜在市场。

大量资料表明，我国镀锌产品的需求量增加较快。经过对镀锌钢板用量最大的几个部门进行调研，镀锌各消费领域的需求量都有大幅增加，尤以汽车工业为最大。2000 年和 2005 年我国镀锌板消费领域、消费量及需求量如表 6 - 1 所示。

表 6 - 1　我国镀锌板需求量

序　号	消 费 领 域	2000 年消费量/万吨·年$^{-1}$	2005 年需求量/万吨·年$^{-1}$
1	建筑业	39	56
2	轻工业	18	20
3	农牧渔业	21	24
4	家用电器	51	89
5	汽车工业	20	41
6	其他行业	30	40
7	合　计	179	270

今后我国将大力加强对镀锌产品的研制、开发、生产和应用，将逐步实现汽车上所用钢板的高性能化、多样化及清洁化。镀锌硅酸盐钝化膜是环保型高性能防护材料，符合这一发展趋势的需要。除镀锌钢板需求量的不断增加外，镀锌钢带、镀锌钢管、型钢镀锌以及其他镀锌金属制品的需求量也显著增加。因此，镀锌硅酸盐钝化膜具备了较大的潜在市场。

（3）镀锌硅酸盐钝化技术属清洁生产工艺，比传统镀锌铬酸盐钝化工艺更符合可持续发展战略，在今后的大面积推广应用过程中无政策限制，将来的市场空间相对较大。

国务院办公厅转发了国家发展和改革委员会等部门《关于加快推行清洁生产的意见》，要求发改委会同国家环保总局等有关部门制定重点行业、重点流域清洁生产推行规划，建立地方性清洁生产激励机制，并且要进一步支持清洁生产的研究、示范、培训和重点技术改造项目。另外，北京 2004 年中国表面工程协会常务理事会也再一次明确：电镀行业要提倡并推广无氰、无铬钝化等清洁生产工艺。传统镀锌铬钝化处理工序污染很大，不属于清洁生产。而镀锌硅酸盐钝化膜的制备工艺，技术环境友好，属清洁生产工艺，符合可持续发展战略，在今后的技术推广过程中受环保政策支持。由于国家在电镀行业颁布了清洁生产方面的政策法规，镀锌硅酸盐钝化膜技术的市场空间将会逐渐扩大。

综上所述，镀锌硅酸盐钝化技术的市场是非常巨大的，扩大生产规模，可为国民经济建设服务。

6.3 经济、社会及生态效益分析

6.3.1 经济效益分析

6.3.1.1 经济效益分析说明

经济效益分析说明：

（1）计划投资共 500 万元；

（2）达产后生产规模为 $480000m^2/a$；

（3）产品平均价格为 10 元$/m^2$；

（4）年销售收入为 480 万元；

（5）项目固定资产投资共 135 万元；

（6）就业人数为 40 人；

（7）人均工资按 2.0 万元/年计。

6.3.1.2 成本费用

达产后成本费用如表 6 - 2 所示。

表 6 - 2 项目达产后的成本费用

序 号	科 目	金额/万元	备 注
1	工 资	80.00	人均工资按 2.0 万元/年计
2	折旧及摊销	16.88	按 8 年分摊
3	管理费	48.00	按销售收入的 10% 计
4	维修费	6.75	按折旧费的 40% 计
5	原材料费	48.00	按产值的 10% 计
6	水电费	24.00	按产值的 5% 计
7	技术开发费	19.20	按销售收入的 4% 计
8	销售费	19.20	按销售收入的 4% 计
9	加工费	9.60	按销售收入的 2% 计
合计（总成本）		271.63	
固定成本		151.63	

序　号	科　目	金额/万元	备　注
可变成本		120.00	
经营成本		174.75	

6.3.1.3　财务分析

达产后的销售收入与税金如表6－3所示。

表6－3　项目达产后的销售收入与税金

序　号	科　目	金额/万元	备　注
1	年销售收入	480.00	
2	销项税	69.74	销售收入×0.17/1.17
3	进项税	39.47	总成本×0.17/1.17
4	产品增值税	30.28	销项税－进项税
5	城建维护税	2.12	按增值税的7%计
6	教育附加费	0.91	按增值税的3%计
7	销售税金及附加	33.30	产品增值税＋城建维护税＋教育附加费

达产后的损益分析如表6－4所示。

表6－4　项目生产的损益分析

序号	科　目	金额/万元	备　注
1	年销售收入	480.00	
2	总成本	271.63	
3	利税总额	208.38	年销售收入－总成本
4	销售税金及附加	33.30	
5	利润总额	175.07	利税总额－销售税金及附加
6	企业所得税	26.26	按利润总额的15%计（高新技术企业和西部优惠政策）
7	可分配利润	148.81	利润总额－企业所得税
8	公盈及公积金	22.32	按可分配利润的15%计
9	未分配利润	126.49	可分配利润－公盈及公积金

6.3.1.4　达产后的评价指标

达产后的评价指标：

（1）投资利税率＝利税总额/总资金×100%＝41.68%

（2）投资利润率＝利润总额/总资金×100%＝35.01%

（3）投资回收期（税前）＝总投资/年利润总额×100%＝2.9（年）

（4）投资回收期（税后）＝总投资/年可分配利润×100％＝3.4（年）

（5）投入产出比＝总投资/年销售收入＝1∶0.96

（6）盈亏平衡点＝固定成本/（销售收入－可变成本－销售税金）×100％
＝46.41％

在实施过程中，总投资500万元，其中固定资产投资135万元，达产后年销售收入480万元，财务分析表明，投资利税率为41.68％，投资利润率为35.01％，税前投资回收期2.9年，税后投资回收期3.4年，投入产出比为1∶0.96，盈亏平衡点为46.41％。因此具有较好的经济效益。

6.3.2 社会及生态效益

镀锌硅酸盐钝化膜工艺具有环境友好的优点，可彻底解决现在电镀锌生产工艺的环境污染问题，还可提高传统电镀锌的生产效率、节约资源、降低能耗、减少电镀废水排放、改善劳动条件，同时在电镀产品的长期使用过程中不会对环境和人体造成污染和伤害，而且零件报废后易于回收处理，因此该技术可创造明显的经济、社会和生态效益。具体表现在以下5个方面。

6.3.2.1 原料的采购

传统的铬钝化工艺的主要原材料为铬酸酐，它对皮肤有严重的刺激性，能造成皮肤溃疡，长期摄入会引起扁平上皮癌、肉瘤和腺癌等疾病。含铬的废水、废物不能在自然界自然降解，它在生物和人体内积聚，能够造成长期性的危害，是一种毒性极强的致癌物质，也是严重的腐蚀介质和污染环境的重要物质，因此铬酸酐的生产及销售都受到国家的严格控制，而硅酸盐钝化膜工艺所采用的主要原材料为偏硅酸钠，易于购买、价格便宜，在储藏和运输过程中不会对人体造成伤害，也不会对环境造成污染。

6.3.2.2 钝化液的配制

原料中无挥发性物质，钝化液在配制过程中不会产生挥发，减少了对环境的污染。工人在操作过程中不会灼伤皮肤，不会引起呼吸道疾病。铬酸盐钝化升级为硅酸盐钝化时，只需更换钝化液即可进行生产，非常容易实现传统工艺的升级换代，因此该技术适用于所有的电镀锌生产工艺，具有极其广阔的市场前景。

6.3.2.3 钝化液的使用

由于钝化液中不含有铬和其他重金属离子，清洁环保，无毒无害，因此在操作时不会对工人产生伤害，引发职业病。同时，硅酸盐钝化液性质稳定，在生产过程中主要采取循环使用的方式，这将大大降低对环境的危害。还有，当发生生产事故导致大量钝化液泄漏时，只需使用稀碱液对钝化液进行简单中和，即可实现钝化液的无害化处理，节约了大量的废水处理成本，而铬钝化液则不行，在发生泄漏时危害相当大。我国每年用于治理电镀废水的费用中60％以上是用于处理含六价铬的废水、废气和废物，六价铬造成的环境污染损失、废水处理费用和人员职业病害造成的损失在数百亿人民币以上。

6.3.2.4　产品的使用

经硅酸盐钝化液处理过的产品，由于镀层和钝化膜层中不含有铬及其他对人体有害的物质，因此电镀产品在长期使用的过程中不会对人体造成污染物积累。比如欧盟 RoHS 指令中明确对电气与电子设备中有害物质进行限制，从而保护人类健康，并保证对废弃物进行合理的回收与处理，以保护环境。该指令囊括了几乎所有的电子电器设备，包括：大型家用电器，小型家用电器，信息科技与电信设备，消费类设备，照明设备，电气与电子工具，玩具、休闲与运动设备，自动售货机等，还包括灯泡以及家用照明设施。另外，由于该指令的提出，国内的很多电镀产品由于钝化过程中使用了含铬物质，导致无法出口。而经硅酸盐钝化液处理过的产品，符合欧洲共同体《限制电器和电子设备使用有害物质的规定》，即 RoHS 指令，因此人们可以放心使用，长期使用也不存在潜在危害性。

6.3.2.5　产品的报废和回收

电镀产品使用一定时间后都会存在产品的报废问题，对于经硅酸盐钝化过的产品，由于镀层和钝化膜膜层中不含有毒有害物质，因此在产品报废过程中不需要将镀层和钝化膜膜层与基体剥离，这将节约大量的人力、物力。例如电气与电子设备中有很多部位都需要电镀和钝化，当这些设备报废后其废弃物中含有铅、铬等有害物质，对水、土壤以及空气造成了极大的污染，并最终将对环境与人类健康造成危害。为了维持、保护和提高环境质量，保护人类健康及合理谨慎地使用自然资源，欧洲议会和理事会于 2003 年 1 月出版《报废电子电气设备指令》（WEEE），指令对废弃物处理流程进行了优化，从而降低了对自然资源的浪费，并可防止污染发生，指令解决了产品寿命终止（EOL）阶段的问题，从而阻止因为使用上述有害物质对环境与健康造成的不利影响，但是要达到该指令的要求，报废设备的回收处理工艺流程非常严格，由此造成回收成本成倍提高。

硅酸盐钝化技术处理过的电镀产品中不含有铬、重金属及有毒易挥发性物质，符合《报废电子电气设备指令》 （WEEE），当产品到达产品寿命终止（EOL）阶段时，无需对镀层和钝化膜进行剥离，只需对产品进行集中回收，即可实现金属产品的二次利用，这将大大降低报废产品的回收成本。

6.3.3　硅酸盐钝化工艺的市场竞争力

所开发的镀锌硅酸盐钝化膜技术极具竞争优势，具体表现在以下 4 个方面：

（1）该工艺环境友好，符合国家政策导向及未来经济社会发展的需求。钝化液不含铬及其他任何对环境有害的物质，可以从根本上解决传统电镀锌的环境污染问题，同时使电镀产品从原料、生产、使用，一直到废品回收处理等等各个环节实现无害化，可促进电镀行业实现可持续发展。

（2）该工艺技术领先，具有一定的垄断优势。所开发的镀锌硅酸盐钝化技术，其工艺水平不仅优于传统镀锌铬钝化工艺，而且与国内外其他无铬钝化技术相比，率先完成了工业规模的试验和技术开发，另外还申请了多项国家发明专利，具有自主知识产权，在今后的市场占有率方面具有一定的保证。

（3）该工艺适应性强，易推广。硅酸盐钝化膜工艺不仅可以用于多品种的镀锌件表面处理，而且对于钢铁零部件的现有电镀设备和工艺流程没有特殊要求，只需更新钝化液即可完成传统工艺的升级换代，电镀工人容易掌握操作流程，非常利于该项技术的大范围推广应用。

（4）该工艺属于市场急需技术。由于国家政策导向和市场需求两方面的作用，企业对于环保型新技术、新工艺的需求也越来越紧迫。我国每年都有很多电镀企业因为环保不达标而被强行关闭，还有很多电镀企业由于废水处理费用太高或者由于产品不环保而丧失了重要的客户，导致企业无法盈利而自动关闭。因此，如果电镀企业要想能长久地生存下去，必须要更新传统落后、污染严重的工艺，尤其是电镀锌企业，只有采用先进的清洁电镀技术，才能确保企业能继续经营，创造更大的利润。

6.4　电镀锌硅酸盐钝化技术的意义

电镀锌硅酸盐钝化技术的意义为：

（1）实现了电镀锌硅酸盐钝化技术产业化前期试验，从而带动传统电镀锌钝化工艺的技术革新，为全面实现电镀锌的清洁生产和可持续发展提供了技术支撑。

（2）镀锌钢铁零部件经硅酸盐钝化处理后，其外观质量好，性能优于传统铬酸盐钝化产品。

（3）硅酸盐钝化膜新工艺生产效率高，综合生产成本低于常规铬酸盐钝化工艺。

（4）硅酸盐钝化工艺适用性强，能够应用于多品种镀锌零部件，同时生产易于控制，钝化液容易维护，使用周期长，符合工业生产要求。

（5）工艺环境友好，在钝化的过程中完全取消对含铬及其他重金属物质的依赖，从而使电镀产品从原料、生产、使用，一直到废品回收处理等各个环节都不造成环境污染。

7 工业化生产

7.1 生产应用的主要内容

生产应用的主要内容包括:

(1) 考察各工艺因素对电镀产品外观和性能的影响,确定生产中的最佳的工艺参数;

(2) 对多品种、多形状、多尺寸的镀件进行试验,考察不同镀件、不同部位电镀产品外观和性能的差异,确定工艺的适用范围;

(3) 在连续生产的条件下确定硅酸盐钝化工艺对各因素的包容度,制订可行的维护措施;

(4) 通过大规模的连续生产,针对硅酸盐钝化膜工艺,制订生产操作规程;

(5) 建立硅酸盐钝化膜技术成套生产线,并进行生产应用,考察实际生产时的产品质量控制、成本控制和环保控制等问题,收集客户对新技术和新产品的使用情况、满意度以及意见和建议等相关信息,完善硅酸盐钝化膜技术;

(6) 对该技术的工业应用进行科学、全面的经济效益和社会效益分析,为今后向国内更多的电镀企业进行大范围的推广应用奠定技术基础和积累生产经验。

7.2 生产应用前期准备工作

镀锌硅酸盐钝化膜技术是首先在昆明市某电镀厂实现的生产应用。在生产中,配制总量为3000L的钝化液,钝化液用水采用当地的自来水经过净化处理后进行配制,钝化液 pH 值由 PHS – 29A 型数字酸度计进行实时监测。采用传统氯化钾镀锌工艺对各种复杂零部件进行电镀锌,由直流电源提供稳定电流,电镀时间为20min,镀层厚度约为 $6 \sim 10 \mu m$。

在生产应用的过程中,将镀件由中试的单一薄钢板试片扩展为形状各异、面积大小不一的复杂零部件,钝化后通过钝化膜的外观均匀性、耐腐蚀性能及钝化液的稳定性等指标对硅酸盐钝化工艺进行综合考评。

7.2.1　生产中用到的设备

图7-1为镀锌全自动生产线，图7-2为配制钝化液过程中用到的水净化设备，图7-3为工业生产中所配制的钝化液，图7-4为生产中用到的挂具。

图7-1　全自动镀锌生产线　　　　　　　图7-2　水净化设备

图7-3　生产中的钝化液　　　　　　　图7-4　生产中用到的挂具

7.2.2　硅酸盐钝化液的配制流程

硅酸盐钝化液的配制流程为：

（1）量取浓 H_2SO_4，将浓 H_2SO_4 加入到1/3体积水的水中并迅速搅拌均匀，配成稀硫酸备用（A溶液）；

（2）称取一定量的 $Na_2SiO_3 \cdot 9H_2O$，加入到1/3体积水中，并迅速搅拌至完全溶解（B溶液）；

（3）将B溶液缓慢加入A溶液中并迅速搅拌，混合均匀（C溶液）；

（4）称取一定量的 $NaNO_3$，缓慢加入到 C 溶液中并迅速搅拌至完全溶解（D 溶液）；

（5）称取一定量的成膜促进剂，缓慢加入到 D 溶液中并迅速搅拌至完全溶解（E 溶液）；

（6）量取一定量的 H_2O_2，缓慢加入到 E 溶液中并迅速搅拌至混合均匀；

（7）调节 pH 值为 1.5～2.0 之间，补水定容。

7.3　硅酸盐钝化液稳定性考察

7.3.1　钝化膜外观

对各种形状的零件镀锌钝化后，观察钝化膜的颜色、膜层的均匀性以及是否有脱膜现象，只有外观良好的零部件才具有应用价值，才涉及到之后的钝化液稳定性及耐蚀性测试。表 7 - 1 为生产应用中钝化时间与钝化膜外观的关系。结果表明，在硅酸盐钝化工艺扩大后，钝化膜在钝化时间为 15～90s 之间均可获得均匀的膜层，钝化膜呈蓝白色的光亮钝化膜；随着钝化时间的增长，钝化膜增厚，零部件的亮度开始降低，从侧面观察钝化膜出现淡紫色，但膜层依旧均匀，无脱膜现象。可见，将硅酸盐钝化工艺放大后，钝化后形成的钝化膜外观较好，可以在较长的操作时间内获得成品，这无疑降低了工人的操作难度，增加了成品率，提高了企业的经济效益。

表 7 - 1　钝化时间与钝化膜外观

钝化时间/s	5	15	30	60	90	120	180
膜层颜色	白色	蓝白	蓝白	蓝白	蓝白	蓝白 - 泛彩	蓝白 - 淡紫
均匀性	均匀	均匀	均匀	均匀	均匀	均匀	均匀

7.3.2　钝化膜耐蚀性测试

选用昆明市某电镀厂为云内动力股份有限公司加工的空压机上弯管零部件作为测试对象，经镀锌钝化后，对空压机弯管进行中性盐雾试验测试，考察其耐蚀性及表现出的腐蚀现象。表 7 - 2 为生产中钝化膜的耐蚀性能测试的结果。

表 7 - 2　生产中的零部件的耐蚀性试验

钝化时间/s	中性盐雾试验时间/h			
	15	30	45	60
5	少量黑点	黑点增大	出现白锈	白锈面积增大
15	无变化	无明显变化	出现黑点	出现白锈

续表 7 - 2

钝化时间/s	中性盐雾试验时间/h			
	15	30	45	60
30	无变化	无明显变化	无明显变化	出现黑点
60	无变化	无明显变化	无明显变化	出现黑点
90	无变化	无明显变化	无明显变化	钝化膜变白

由表 7 - 2 可看出，当处理时间大于 15s 时，在盐雾试验前 30h 内，硅酸盐钝化膜表面基本无明显变化，完全达到云内动力股份有限公司的要求。随着盐雾试验时间的延长，在空压机弯管内测弯曲处，首先出现黑点，然后黑点慢慢扩大，最后生成腐蚀产物——白锈，生产过程中硅酸盐钝化膜在耐蚀性方面虽然有所降低，但变化趋势基本能重现小试、中试的试验结果。

7.3.3　钝化膜耐盐雾试验均匀性测试

大块镀件不同部位耐蚀性是否均匀将影响钝化膜总体防护的效果，因此对放大后镀件的不同部位进行了耐蚀性测量，以考察钝化膜耐盐雾试验的均匀性。镀件测量部位如图 7 - 5 所示，本实验所采用的大块试样的尺寸为 1000mm × 1000mm，由于大块试样在钝化液中的放入与提起速度较慢，因此，整块试样的钝化时间为 30s 左右。

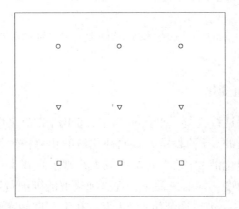

图 7 - 5　大块试样钝化膜耐蚀性测试位置分布图

镀件的测试结果如表 7 - 3 所示。

表 7 - 3　大块试样钝化膜耐蚀性测试结果

位　置	上左	上中	上右	中左	中中	中右	下左	下中	下右
耐蚀性/h	61	64	63	64	66	63	69	70	66

　　由表7 – 3可以看出，大块镀件耐蚀性分别是上部61～64h，中间63～66h，下部66～70h，说明镀件放大后自上而下耐蚀性逐渐增大，这可能是由于大块镀件无论是出光步骤还是钝化过程中都是竖放的，下部的钝化时间相对来说要比上部稍长，由此，导致整块产品上钝化膜厚度不均，引起耐蚀性的差异。

7.3.4　钝化液中硫酸根浓度的变化

　　图7 – 6为生产过程中硫酸根离子浓度随时间的变化曲线，从图7 – 6中可以看出，在生产中硫酸根的浓度随着生产的进行逐渐降低，可见硫酸根在钝化过程中也是在不断消耗的。这说明硫酸根在钝化过程中也参与了成膜过程，但硫酸根的消耗量很小，因此，在钝化膜成分中未检测到硫元素。

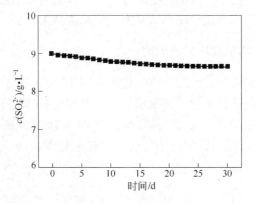

图7 – 6　硫酸根离子消耗量与时间的关系

7.3.5　钝化液 pH 值变化

　　在对钝化液进行连续钝化生产的过程中，pH 值的变化可以反映出钝化液的稳定性。如果钝化液的 pH 值稳定，说明钝化液的相对稳定性较好，适应生产的需要；反之，如果钝化液 pH 值变化幅度较大，则不宜在生产中推广，这样会大大增加工人的劳动强度，降低成品率，提高钝化液的维护费用。硅酸盐钝化液的日处理量为1.5t 左右，进行连续生产50天，在生产期间考察了钝化液的 pH 值变化。图7 – 7为连续生产时间与钝化液 pH 值变化的关系。

　　由图7 – 7可看出，硅酸盐钝化液的 pH 值随处理量的增加呈现缓慢增长的趋势，这是由于镀锌零部件在钝化过程中镀层表面的锌溶解于钝化液中，不断地消耗钝化液中的 H^+，使得钝化液的 pH 值缓慢上升，但能在较长时间内保持在工艺范围之内，由此说明硅酸盐钝化工艺扩大生产后在连续使用过程中具有很好的稳定性。

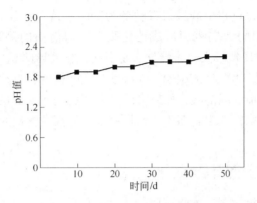

图 7 - 7　钝化液 pH 值与时间的关系

　　当钝化液的 pH 值达到 2.3 时开始对钝化液进行调整，否则钝化后的产品外观和产品的耐蚀性开始变得不稳定，此时采用 1 : 20 的硫酸缓慢加入到钝化液中，并迅速搅拌均匀直至 pH 值下降到 2.0 左右为宜。

　　采用稀硫酸来调节钝化液的 pH 值是因为在钝化过程中，钝化液中的硫酸根也同时被消耗，硫酸的加入可以同时起到硫酸根补充的效果，但钝化液中硫酸根含量不宜过高，当硫酸根浓度过高时，钝化膜的厚度开始增厚，虽然可以在一定程度上提高产品的耐蚀性，但产品外观较深，有时不能满足客户对产品的要求。

7.3.6　钝化液中硅酸根含量的变化

　　硅酸根是钝化液中主要的成膜物质，其含量的变化会对钝化膜的外观及耐蚀性产生明显的影响，因此在生产过程中对钝化液中硅酸根的含量做了大量的分析后从中找出了硅酸根的变化规律，并制定了钝化液的维护方案。

　　由图 7 - 8 可以看出随着钝化液的使用，钝化液中硅酸根的含量在不断地减

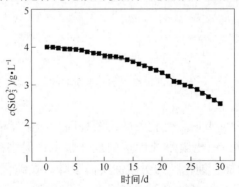

图 7 - 8　硅酸根消耗量与时间的关系

少，这是由于在钝化过程中硅酸根或转变为 SiO_2，或与镀层溶解产生的 Zn^{2+} 生成 $ZnSiO_3$ 共同沉积的镀层表面形成钝化膜，这与前面的测试结果一致。由于 Na_2SiO_3 浓溶液的 pH 值较大，直接加入易引起钝化液局部 pH 值过高，导致生成不可逆的胶体沉淀，因此硅酸根的补充必须与硫酸根的补充相配合，首先，将硫酸稀释为 1:10 的稀硫酸溶液，然后将已完全溶解的 50g/L 的 Na_2SiO_3 溶液加入到稀硫酸溶液中，配制成混合溶液，然后将混合溶液缓慢加入到钝化液中，并迅速搅拌均匀。

7.3.7　钝化液中硝酸根含量的变化

硝酸根是一种氧化剂，被锌还原，其反应式为：

$$4Zn + NO_3^- + 9H^+ \longrightarrow 4Zn^{2+} + NH_3 \uparrow + 3H_2O$$

还原过程中氢离子被中和，硝酸根被还原，pH 值上升。硝酸根作为光亮剂，可以优先溶解镀层的微观凸起，对镀层起整平抛光作用，有利于修饰其表面性能，增强钝化膜的光泽。

此外，硝酸根还有提高成膜速率的作用。实验发现，当钝化液中不含硝酸根或含量很低时，镀层钝化速度很慢，且钝化膜表面粗糙、成粒、不光亮，成膜速度随着钝化液中硝酸根浓度的增大而加快，但硝酸根含量不宜过高，否则镀层及钝化膜溶解速度过快，导致钝化膜较薄，影响其耐蚀性及色度（见图 7-9）。

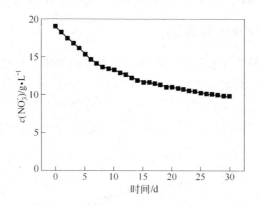

图 7-9　硝酸根离子消耗量与时间的关系

硝酸根浓度低于 9g/L 时，钝化膜的耐蚀性随硝酸浓度的增大而增强；而当硝酸浓度为 20g/L 时，钝化膜耐蚀性达到最佳状态；但当硝酸浓度高于 25g/L 时，随硝酸浓度的增加，钝化膜的耐蚀性反而下降。在钝化液使用 30 天后，钝化液中硝酸根浓度低于 9g/L，开始对钝化液进行调整，硝酸根的补加方式为：直接将一定量的硝酸钠缓慢加入到钝化液中，然后迅速搅拌均匀至药品完全溶解，调整后钝化液中硝酸根的含量在 $18 \sim 22 g/L$ 为宜。

7.3.8 钝化液中锌离子含量的变化

钝化液中的锌离子变化如图 7 – 10 所示，钝化液中的锌离子含量首先升高，在经过 6 天左右时间后锌离子含量开始降低，这是由于钝化液开始时的 pH 值较低，镀锌层在钝化液中溶解速度大于沉积速度，因此，钝化液中的锌离子含量升高。

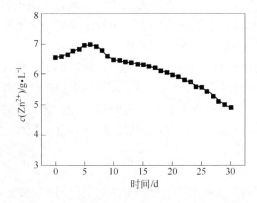

图 7 – 10 锌离子消耗量与时间的关系

在钝化液使用的前 6 天，钝化液的 pH 值升高，此时锌离子的溶解速度逐渐降低，与锌离子的消耗速度基本持平，当 pH 值继续升高时，锌离子的溶解速度小于沉积速度，这时钝化液中的锌离子含量会逐渐降低，钝化液中 Zn^{2+} 浓度在 $5 \sim 7 g/L$ 的范围内对耐蚀性影响不大。

7.4 硅酸盐钝化液的维护与管理

加强对钝化液的日常维护与管理是有效延长钝化液使用寿命的关键，在这项工作中需要注意以下几个方面。

7.4.1 硅酸盐钝化液的配制

要用纯度合乎要求的化学药品来配制钝化液。钝化液初始配槽时宜采用蒸馏水或净化后的水进行配制，这样可以延长钝化液的处理周期，每种药品要完全溶解后方可加入到钝化液中。同时要重视钝化液中各种化学药品的配比，当硝酸盐浓度过高时，容易脱膜；硅酸盐含量偏高时，钝化膜表面不易洗净，容易出现颜色不均匀的现象；硫酸含量过高时，钝化膜偏厚，颜色易发白，钝化液不易维护且成本较高。

正确控制钝化液的 pH 值同样很重要，在配制过程中一定要严格控制 pH 值的变化，调节 pH 值时，不可采用浓酸、浓碱调节，要先将酸、碱液充分稀释，缓慢加入并迅速搅拌均匀直至达到规定范围，否则硅酸盐会形成絮状不可逆沉积，导致钝化液配制失败。

7.4.2 搅拌

镀锌层在酸性钝化液中溶解，使钝化液中的氢离子消耗掉。如果工件在处理液中静止不动，处理液与镀锌层表面无法产生对流，氢离子靠相当缓慢的扩散过程由溶液补充，它穿过胶态膜而与锌进一步发生反应。对溶液进行搅拌，可使氢离子不断地补充到镀锌层的表面，有效提高成膜速率。

一般来说，搅拌可以得到均匀的钝化膜，所以该工艺建议要有某种形式的搅拌。因为搅拌加快了锌的溶解，一般要尽可能地缩短钝化时间，否则，钝化液的寿命会缩短，而且会溶解掉过多的锌，有时只是轻轻震动或移动浸没在钝化液中的挂具，就能达到很好的效果，也可采用压缩空气进行搅拌。

7.4.3 溶液温度

一般情况下，硅酸盐钝化膜的处理是在室温（15～30℃）下进行的，低于15℃，钝化膜形成速度较慢。提高钝化液温度会提高反应速率，减少钝化时间，但提高温度随之会带来操作成本的增加，而且在比较高的温度下生产的钝化产品结合力较差。

7.4.4 浸渍时间

延长在钝化液中的浸渍时间，可有效增加硅酸盐钝化膜的厚度，颜色加深，耐蚀性提高，但是较厚的钝化膜会降低膜层的结合力，使其耐磨性降低，成本增加。因此在钝化过程中要控制好浸渍时间，否则会增加运行成本，降低钝化液的使用寿命，降低生产效率。

7.4.5 干燥

干燥温度不合适，往往会使钝化膜开裂、变色，严重时可以使通常条件下防护性能很高的钝化膜变得失去防护性能。因此，在硅酸盐钝化膜的干燥过程中，避免高温干燥是非常重要的。可以使用流速为 7～10m/s 的温暖但不热的空气流来进行干燥，建议使用合适的空气过滤器，以便得到清洁和干燥的空气流。

应当尽量使硅酸盐钝化膜干燥，同时要尽可能仔细。这点也同样重要，其原因主要是：首先，湿的钝化膜很容易受到机械损伤；其次，靠缓慢蒸发的方法干燥，在一定程度上会影响钝化膜的结合力，形成过多的孔隙，并且表面很容易留下水渍，影响产品外观。一般来说，干燥后的钝化膜比湿膜的硬度要高，并且钝化膜经过老化，放置几天后其硬度会有一定的增加。

7.4.6 严防钝化液遭受污染

这一工作中重点是要加强零部件钝化前的清洗，防止钝化件表面酸、碱的混入，造成钝化液 pH 值过高的变动。pH 值过低，会加速钝化膜溶解，钝化膜减薄，pH 值过高，钝化膜光泽性差。钝化液中掉落的工件要及时打捞出来，钝化液酸性较强，一旦工件掉落槽内即会被腐蚀，不仅会造成工件报废，还会使钝化液遭到破坏，无法钝出光亮的钝化膜。钝化液表面出现油花时要及时捞出，当钝化液表面出现悬浮的油花，且钝化件进入钝化液时，即会粘在工件表面，若隔绝溶液与镀锌层的接触，则该处就难以形成钝化膜，但会出现白色斑点。

7.4.7 不同形状工件的钝化实例

（1）长串件的钝化：长串件钝化时镀件的上、下端进出钝化溶液中的时间应有先后顺序，同时工件在溶液中摆动时，镀件的下端摆动幅度要比上端大得多；另一方面钝化后在空气中停留时，溶液由上端往下流，下端镀件表面要比上端镀件附有更多的溶液，下端与溶液有更多的化学反应时间。这些都使得下端钝化膜的颜色深于上端。为减轻色差，这类零件进、出钝化溶液时建议横向出、入（下端用一挂钩钩起来）。

（2）长条零件钝化：长条零件钝化时如钝化槽容纳不下，可采取临时措施，利用砖块或木条加工一个能容下镀件的框，框内衬以塑料布，注入钝化溶液后即可使用，采用此法既方便又可避免膜层不均匀或产生衔接印痕等质量问题。

（3）平面件钝化：一般平面件钝化时由于在钝化槽中摆动时边缘部位与钝化溶液接触会比中间部位剧烈，而出现此部位钝化膜的色泽过深或不均匀的现象，此问题可采取压缩空气搅拌的方法来解决，效果很好。为提高钝化膜的均匀性还需注意镀锌过程中的电流分布均匀性，必要时镀件的边缘予以屏蔽，以防该部位因电流过大而出现镀层粗糙，影响钝化膜的色泽。

（4）表面光洁件的钝化：表面光洁件钝化后，由于表面光滑，钝化溶液在其表面较难吸附，会很快流失，故钝化时在溶液中和空气中的停留时间都要适当延长，否则该工件的钝化膜显得较淡。

（5）易兜水件钝化：要避免兜出溶液，以免引起损耗过多的钝化溶液、污染环境。

（6）小件钝化：可把整串绑扎的工件放在塑料篮筐内钝化，以免钝化时因抖动而脱离群体，掉入槽内造成返修。

7.4.8　常见故障现象的纠正

表 7 - 4 中列出了硅酸盐钝化液常见的故障现象、可能原因以及预防纠正措施。

表 7 - 4　硅酸盐钝化常见故障现象、可能原因以及预防与纠正措施

序号	故障现象	可能原因	预防与纠正措施
1	钝化膜易脱落	1. 钝化液温度太高； 2. 硫酸含量偏低； 3. 钝化时在空气中停留时间过长； 4. 镀层中夹有有机物质； 5. 钝化后尚未充分干燥之前接触过物体； 6. 钝化后尚未充分干燥之前进入烘箱烘烤； 7. 钝化后即用热水烫	1. 降低钝化液温度，无降温条件时，也可采取缩短在空气中的停留时间，此法能起到一定效果； 2. 适量添加硫酸； 3. 缩短在空气中的停留时间，尤其是在室温或钝化液温度较高时； 4. 镀成后先经 3% ~ 5% 的氢氧化钠漂洗，再用清水清洗、硝酸出光后方可进行钝化； 5. 在未经充分干燥之前，钝化膜尚未老化是不允许接触物体的，否则接触处膜层必然会脱落，因此卸挂具工序需安排在后； 6. 钝化膜未经吹干之前是不可进入烘箱直接烘烤的，否则必然会脱膜。如无条件，可在阳光下晾干，然后再进烘箱老化； 7. 热水温度不可高于 60℃，否则易使膜层脱落。为减少因脱膜造成返修，建议在钝化之后，尚未干燥之前先进行检查，见有脱膜的，则不要再进行老化，即在稀盐酸中退除，经流动清水冲洗后再钝化，这样做可以大大简化返修工序，否则还需要重新退锌后再镀
2	钝化膜呈雾状	1. 钝化液老化，含有过高的锌离子； 2. 钝化液温度过高； 3. 清洗不彻底； 4. 镀锌溶液老化，含有过多油污	1. 稀释后仍可继续使用，但当锌含量超过 10g/L 时宜更换新液较为合算； 2. 降低温度至 25℃； 3. 加强清洗后钝化； 4. 镀锌溶液用活性炭吸附处理后过滤
3	钝化膜光泽性差	1. 出光溶液用过久； 2. 镀层粗糙； 3. 镀件基体过腐蚀	1. 硝酸出光液失效，pH 值过高，补充或更换出光液； 2. 调整镀锌溶液成分，添加光亮剂； 3. 有必要时镀前采取打磨、喷砂等精饰处理，也可提高镀层厚度、加强出光处理手段来改善镀层表面质量

序号	故障现象	可能原因	预防与纠正措施
4	钝化膜色泽不均匀	1. 钝化液温度过高； 2. 镀锌后在空气中搁置过久，镀锌层氧化； 3. 钝化前清洗不彻底； 4. 操作时工件在钝化液中抖动欠均匀； 5. 镀件出镀槽时或钝化前接触过污物	1. 降低温度至25℃左右； 2. 应当立即钝化，或清洗后暂存在清水槽中； 3. 加强钝化前的清洗尤其是形状复杂零件，这样才能使整个锌层同时接触钝化液，并获得均匀的膜层质量； 4. 抖动工件时保持匀速； 5. 镀槽液面上发现油污要用无填充料的粗纸吸除，钝化前不要接触污物
5	钝化膜呈淡黄色	1. 钝化液中混入铁质； 2. 硫酸含量偏低	1. 铁质通常由自来水中进入的，改用去离子水配制溶液； 2. 适当添加硫酸

7.5　生产中部分零部件产品外观

图 7 - 11 为生产中用到的部分零部件处理前的原始外观，图 7 - 12 为经过传统氯化钾镀锌，硅酸盐钝化后的零部件外观。

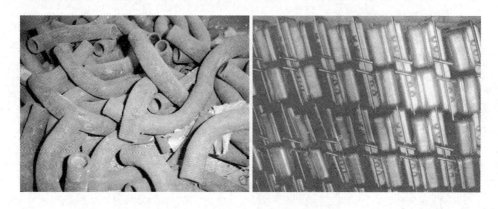

图 7 - 11　钝化前的零部件外观

从图中可以看出，对各种形状复杂的零部件进行钝化后，硅酸盐钝化膜呈现出蓝白色，外观均匀光亮，装饰性明显好于钝化前，由此说明硅酸盐钝化工艺具有成膜均匀、高装饰性等特点。

图 7 - 12　钝化后的零部件外观

7.6　生产应用实现的主要技术经济指标

生产应用后实现的主要技术经济指标如表 7 - 5 所示。

表 7 - 5　生产应用实现的主要技术经济指标

指 标 名 称	达 到 的 水 平	备 注
产品外观	蓝白、光亮	目 测
产品盐雾试验耐蚀性/h	≥60（白锈）	该指标属于较高的耐蚀标准，可满足绝大部分民用镀锌产品的性能要求
钝化时间/s	20～30	与传统铬钝化工艺相当
钝化液成本/元·L^{-1}	0.5	与传统铬钝化液成本相当
钝化液稳定性	稳 定	
镀层中铬含量	0	欧共体的 ELVD 附件 Ⅱ 中规定每辆汽车中六价铬含量不得超过 2g
废水中总铬量	0	国家废水排放标准中规定总铬量≤1.5mg/L
钝化液使用方式	在寿命周期以内循环使用	
废弃钝化液的处理方式	进行中和、造渣处理	避免直接排放
报废产品回收	直接回收，不需剥离	符合欧盟颁布的 WEEE 指令

7.7　本章小结

7.7.1　硅酸盐钝化工艺的产业化前期工作

（1）对于形状复杂的镀锌零部件，经过不同钝化时间，镀层表面能很好地形成钝化膜，钝化膜外观光亮，膜层均匀，无脱膜现象产生；

（2）对实际生产中的零部件进行钝化后耐蚀性测试，完全达到生产中的要求，并且其耐蚀性略优于铬酸盐钝化；

（3）对大块试样进行耐盐雾试验均匀性测试，钝化后不同部位的耐蚀性差异不大，表明硅酸盐钝化技术对大块零部件的总体防护效果较好。

7.7.2 生产中钝化液性质变化的考察

（1）硫酸根的浓度随着生产的进行不断消耗，但消耗量并不大；

（2）钝化液在长期连续的使用过程中，钝化液的 pH 值变化较小，说明钝化液的稳定性较好，维护方便，生产中可采用添加硫酸的方式调节，并同时补充硫酸根；

（3）随着生产量的不断增加，钝化液中硅酸根含量减少，这是由于在钝化过程中硅酸根作为主要的成膜物质，硅酸根不可单独补加，要与硫酸配制成混合补充液一同加入；

（4）随着生产时间的延长，钝化液中硝酸根浓度不断降低，当钝化液中硝酸根浓度低于 9g/L 时开始对钝化液进行调整，调整后钝化液中硝酸根的含量应为 18 ~ 22g/L 为宜；

（5）钝化液在使用过程中，锌离子含量首先升高，在经过 6 天左右的时间后锌离子含量开始降低。

7.7.3 硅酸盐钝化液的维护与管理

（1）加强钝化液的维护与管理是延长钝化液使用寿命的关键，在生产中要注意：硅酸盐钝化液的配制方法，钝化液的搅拌方式，钝化液的温度，浸渍时间，干燥温度，严防钝化液遭受污染，对于不同形状的工件应采用相应的钝化方式；

（2）总结了硅酸盐钝化液常见的故障现象、可能原因以及预防纠正措施。

7.7.4 镀锌硅酸盐钝化膜的用途及市场分析

（1）镀锌硅酸盐钝化膜可以广泛地应用在工业、农牧渔业、能源、交通、轻工、家电、建筑、通讯、汽车等领域，用途十分广泛，市场非常巨大；

（2）电镀锌硅酸盐钝化技术实施过程中，项目总投资 500 万元，其中固定资产投资 135 万元，项目达产后年销售收入 480 万元，财务分析表明，投资利税率为 41.68%，投资利润率为 35.01%，税前投资回收期为 2.9 年，税后投资回收期为 3.4 年，投入产出比为 1∶0.96，盈亏平衡点为 46.41%。

7.7.5　社会及生态效益

从原料的采购、钝化液的配制、钝化液的使用、产品的使用、产品的报废和回收等多个方面阐述了硅酸盐钝化技术产生的社会及生态效益。

综上所述，镀锌硅酸盐钝化膜技术新颖，产品性能优良、应用前景广阔，工艺环保，具有很大的市场竞争优势，符合社会经济发展和技术进步的要求，可创造良好的经济、社会效益。

参 考 文 献

［1］ 金属腐蚀防护协会．金属腐蚀手册［M］．上海：上海科学技术出版社，1987．

［2］ Engel L，Klingele H. An atlas of metal damage surface examination by scanning electron microscope. English edtion［M］．Munich：Wolfe science books in association with Carl Hanser Verlag，1981．

［3］ Misawa T. The mechanisms of atmospheric rusting and the effect of Cu and P on the rust formation of low alloy steels［J］．Corros. Sci. ，1971，11：35～48．

［4］ Misawa T. The mechanisms of formation of iron oxide and oxyhydroxides in aqueous solution at room temperature［J］．Corros. Sci. ，1974，14（2）：131～149．

［5］ R. 温斯顿．里维．尤利格腐蚀手册［M］．杨武等译．北京：化学工业出版社，2005．

［6］ 李异．金属表面转化膜技术［M］．北京：化学工业出版社，2009．

［7］ 韩顺昌，等．金属腐蚀显微组织图谱［M］．北京：国防工业出版社，2008．

［8］ 刘永辉，张佩芬．金属腐蚀学原理［M］．北京：航空工业出版社，1993．

［9］ 李鑫庆，陈迪勤，宇静琴．化学转化膜技术与应用［M］．北京：机械工业出版社，2005．

［10］ 吴纯素．化学转化膜［M］．北京：化学工业出版社，1989．

［11］ X Zhang，W G Sloof，A Hovestad，et al. Characterization of chromate conversion coatings on zinc using XPS and SKPFM［J］．Surf. Coat. Technol. ，2005，197（2～3）：168～176．

［12］ 陈锦虹，许乔瑜，毕君，等．镀锌层有机物无铬钝化［J］．电镀与环保，2000，20（6）：7～11．

［13］ Wippermann K，Schuitze J W，Kessel R，et al. The Inhibition of Zinc Corrosion by Bisaminotriasole and Other Triazole Derivatives［J］．Corros. Sci. ，1991，32（2）：205～207．

［14］ Chen Z W，Kennon N F，See J B，et al. Technigalva and Other Developments in Batch Hot－Dip Galvanizing［J］．JOM，1992，44（1）：22～26．

［15］ Wilcox G D，Wharton J A. A Review of Chromate－Free Passivation Treatments for Zinc and Zinc Alloys［J］．Trans. Inst. Met. Finish. ，1997，75（6）：140～146．

［16］ T Bellezze，G Roventi，R Fratesi. Electrochemical study on the corrosion resistance of Cr Ⅲ－based conversion layers on zinc coatings［J］．Surf. Coat. Technol. ，2002，155（2～3）：221～230．

［17］ 曾振欧，邹锦光，赵国鹏，等．不同镀锌层的三价铬钝化膜耐蚀性能比较［J］．电镀与涂饰，2007，26（1）：7～9．

［18］ 任艳萍，陈锦虹．镀锌层三价铬钝化膜腐蚀行为的研究［J］．材料保护，2007，40（2）：7～10，41．

［19］ Mirghasem Hosseini，Habib Ashassi－Sorkhabi，Heshmat Allah Yaghobkhani Ghiasvand. Corrosion Protection of Electro－Galvanized Steel by Green Conversion Coatings［J］．J Rare Earth，2007，25（5）：537～543．

［20］ 曹楚南．腐蚀电化学［M］．北京：化学工业出版社，1999．

［21］梁彩凤. 钢在中国大陆的大气腐蚀研究［J］. 电化学，2001（2）：12～16.

［22］D T Gawne, I R Christie. The Discipline and the Industry［J］. Trans. Inst. Met. Finish. , 1992, 70（4）：184～189.

［23］Tom Bell. Towards a universal surface engineering road map［J］. Surf. Eng. , 2000, 16（2）：89～90.

［24］屠振密，韩书梅，杨哲龙，等. 防护装饰性镀层［M］. 北京：化学工业出版社，2004.

［25］柯伟. 中国腐蚀调查报告［M］. 北京：化学工业出版社，2003.

［26］范颖芳，张英姿，胡志强，等. 基于概率分析的锈蚀钢筋力学性能研究［J］. 建筑材料学报，2006，9（1）：99～104.

［27］安茂忠. 电镀锌及锌合金发展现状［J］. 电镀与涂饰，2003，22（6）：35～40.

［28］M Tencer. Electrical conductivity of chromate conversion coating on electrodeposited zinc［J］. Appl. Surf. Sci. , 2006, 252（23）：8229～8234.

［29］沈品华，屠振密. 电镀锌及锌合金［M］. 北京：机械工业出版社，2002.

［30］Fred W Eppensteiner, Melvin R Jenkins. Chromate conversion coatings［J］. Met. Finish. , 1999, 97（1）：494～506.

［31］郑环宇，安茂忠，赖勤志. 镀锌层无铬钝化工艺的研究［J］. 材料保护，2005，38（9）：18～21.

［32］Robert Berger, Ulf Bexell, T Mikael Grehk, et al. A comparative study of the corrosion protective properties of chromium and chromium free passivation methods［J］. Surf. Coat. Technol. , 2007, 202（2）：391～397.

［33］田民波，马鹏飞. 欧盟 WEEE/RoHS 指令案介绍［J］. 国外环保动态，2003，11：34～37.

［34］王亚昆. 促进电镀行业的清洁生产研究［J］. 新技术新工艺，2006，11～12.

［35］陈亚，李士嘉，王春林，等. 现代实用电镀技术［M］. 北京：国防工业出版社，2003.

［36］赵文珍. 材料表面工程导论［M］. 西安：西安交通大学出版社，1998.

［37］周渝生. 无铬钝化技术研究的进展［J］. 钢铁，2003，38（4）：68～71.

［38］Vukasovich M S, Farr J P G. Molybdate in Corrosion Inhibition［J］. Mater. Performance, 1986, 25（5）：9～11.

［39］Hyung－Joon Kim, Jinming Zhang, Roe－Hoan Yoon, et al. Development of environmentally friendly nonchrome conversion coating for electrogalvanized steel［J］. Surf. Coat. Technol. , 2004, 188～189（5）：762～767.

［40］Miller R. Non－toxic corrosion resistant conversion coating for aluminum and aluminum alloys and the process for making the same［P］. US Patent, 5221371, 1993－06－22.

［41］Zhiyi Yong, Jin Zhu, Cheng Qiu, et al. Molybdate/phosphate composite conversion coating on magnesium alloy surface for corrosion protection［J］. Appl. Surf. Sci. , 2008, 255（5）：1672～1680.

[42] 张文钲. 钼酸钠应用前景展望 [J]. 中国钼业, 2000, 24 (4): 7~9.

[43] 周谟银. 钼酸盐在金属表面处理中的应用 [J]. 材料保护, 2000, 33 (10): 45~47.

[44] 刘小虹, 颜肖慈. 镀锌层钼酸盐转化膜及其耐蚀机理 [J]. 电镀与环保, 2002, 22 (11): 18~19.

[45] Wilcox G D, Gabe D R. Chemical Molybdate Conversion Treatments for Zinc [J]. Met Fin., 1998, 86 (9): 71~75.

[46] Bjimi D, Gabe D R. Passivation Studies Using Gorup VIA Anions, Part1: Aniodic Treatment of Tin [J]. Br. Corros. J., 1983, 18 (2): 88~91.

[47] Bjimi D, Gabe D R. Passivation Studies Using Gorup VIA Anions, Part2: Cathodic Treatment of Tin [J]. Br. Corros. J., 1983, 18 (2): 93~95.

[48] Bjimi D, Gabe D R. Passivation Studies Using Gorup VIA Anions, Part3: Aniodic Treatment of Zinc [J]. Br. Corros. J., 1983, 18 (3): 138~140.

[49] Wilcox G D, Gabe D R. Passivation Studies Using Gorup VIA Anions, Part4: Cathodic Redox Reaction and film Formation [J]. Br. Corros. J., 1984, 19 (4): 196~198.

[50] Wilcox G D, Gabe D R. Passivation Studies Using Gorup VIA Anions, Part5: Cathodic Treatment of Zinc [J]. Br. Corros. J., 1987, 22 (4): 254~256.

[51] Wilcox G D, Gabe D R. Molybdate Chemical Treatment [J]. Met Fin., 1988, 28 (9): 71~73.

[52] Tang P T, Bech - Nielsen G, Moller P M. Molybdate Based Alternatives to Chromating as a Passivation Treatment for Zinc [J]. Plat. Surf. Finish., 1994, 81 (11): 20~22.

[53] Tang P T, Bech - Nielsen G, Moller P M. Molybdate Based Passivation of Zinc [J]. Trans. Inst. Met. Finish., 1997, 75 (4): 144~146.

[54] A A O Magalhães, I C P Margarit, O R Mattos. Molybdate conversion coatings on zinc surfaces [J]. J. Electroanal. Chem., 2004, 572 (2): 433~440.

[55] 卢锦堂, 孔纲. 热镀 Zn 层钼酸盐钝化工艺 [J]. 腐蚀科学与防护技术, 2001, 13 (1): 46~48, 41.

[56] 吴海江, 卢锦堂. 热浸镀锌层上钼酸盐转化膜的腐蚀电化学性能 [J]. 腐蚀科学与防护技术, 2009, 21 (3): 295~298.

[57] Y K Song, F Mansfeld. Development of a Molybdate - Phosphate - Silane - Silicate (MPSS) coating process for electrogalvanized steel [J]. Corros. Sci., 2006, 48 (1): 154~164.

[58] 陈锦虹, 卢锦堂. 镀锌层上有机物无铬钝化涂层的耐蚀性 [J]. 材料保护, 2002, 35 (8): 29~31.

[59] 郝建军, 安成强, 刘常升. 不同添加剂对镀锌层钼酸盐钝化膜腐蚀电化学性能的影响 [J]. 材料保护, 2006, 39 (10): 23~25.

[60] 方景礼, 刘琴, 韩克平, 等. 铁上绿色钼酸盐化学转化膜的研究 [J]. 表面技术, 1995, 24 (5): 9~11.

[61] 孔刚, 卢锦堂. 镀锌层钼酸盐钝化膜腐蚀行为的研究 [J]. 材料保护, 2001, 34 (11): 17~19.

［62］肖鑫，龙有前，钟萍，等. 镀锌层钼酸盐－氟化锆体系钝化工艺研究［J］. 腐蚀科学
　　　与防护技术，2005，17（3）：184～186.

［63］陈旭俊. 乙酸胺钼酸盐的缓蚀作用与机理［J］. 中国腐蚀与防护学报，1995，15（4）：
　　　279 ～284.

［64］Vukasovich M S, Farr J P G. Molybdate in Corrosion Inhibition – A Review［J］. Mater. Per-
　　　formance, 1986, 25（5）：9～15.

［65］王济奎，方景礼. 镀锌层表面有机膦合钼聚多酸盐转化膜的研究［J］. 应用化学，
　　　1996，13（5）：73～75.

［66］龚洁，许瑞芬，陈旭俊. 有机钼酸盐 MDTA 对碳钢的缓蚀作用和机理［J］. 腐蚀与防
　　　护，1999，20（2）：62.

［67］钱余海，戴毅刚，陈红星. 镀锌（合金）钢板无/低铬钝化技术研究状况［J］. 腐蚀科
　　　学与防护技术，2004，16（4）：222～225.

［68］张景双，夏保佳，屠振密，等. 锡－锌合金镀层的无铬和低铬钝化［J］. 电镀与精饰，
　　　2002，24（3）：9.

［69］李燕，陆柱. 钨酸盐对碳钢缓蚀机理的研究［J］. 精细化工，2000，17（9）：
　　　526～530.

［70］Bijimi D, Gabe D R. Passivation Studies Using Gorup VIA Anions, Part2：Cathodic Treatment
　　　of Tin［J］. Br. Corros. J., 1983, 18（12）：93～97.

［71］Cowieson D R, Scholefield A R. Passivation of Tin – Zinc Alloy［J］. Trans. Inst.
　　　Met. Finish., 1985, 63（2）：56～61.

［72］Hinton B R W. The inhibition of aluminum alloy corrosion by rare earth metal cations［J］.
　　　Corros. Aust., 1985, 10（3）：12～17.

［73］Amott D R, Hinton B R W, Ryan N E. Cationic Filin – Forming Inhibitiors for the Corrosion
　　　Protection of 7075 Aluminum Alloy in Chloride Solutions［J］. Mater. Performance, 1987, 26
　　　（8）：42～47.

［74］Hinton B R W, Wilson L. The Corrosion Inhibition of Zinc with Cerium Chloride［J］. Cor-
　　　ros. Sci., 1989, 9（9）：967～985.

［75］Hinton B R W, Arnott D R, Ryan N E. Cerium Conversion Coatings for the Corrosion Protec-
　　　tion of Aluminum［J］. Mater. Forum, 1986, 9（3）：162～173.

［76］Hinton B R W. Corrosion Inhition with Rare Earth Metalsalts［J］. J. Alloys Compd., 1992
　　　（180）：15～25.

［77］Hinton B R W. Corrosion prevention and chromates［J］. Met. Finish., 1991, 89（9）：55～
　　　61.

［78］Mansfeld F. The Ce – Mo Process for the Development of Stainless Alunimium［J］. Electro-
　　　chem. Acta, 1992, 37（12）：2277～2282.

［79］Breslin C B, Chen C, Mansfeld F. Electrochemical behaviour of stainless steels following sur-
　　　face modification in cerium – containing solutions［J］. Corros. Sci. 1997, 39（6）：
　　　1061～1073.

[80] Mansfeld F. Surface modification of aluminum alloys in molten salts containing CeCl₃ [J].
     Thin Sold Films, 1995, 270 (1): 417 ~ 421.

[81] Arenas M A, Damborenea J J. Growth mechanisms of cerium layers on galvanised steel [J].
     Electrochim. Acta, 2003, 48 (24): 3693 ~ 3698.

[82] Arenas M A, Damborenea J J. Surface characterisation of cerium layers on galvanised steel
     [J]. Surf. Coat. Technol., 2004, 187 (2/3): 320 ~ 325.

[83] Yasuyuki Kobayashi, Yutaka Fujiwara. Effect of SO₄²⁻ on the corrosion behavior of cerium –
     based conversion coatings on galvanized steel [J]. Electrochim. Acta, 2006, 51 (20):
     4236 ~ 4242.

[84] 杨柳, 刘光明, 钱余海, 等. 镀锌钢板铈盐钝化的电化学性能研究 [J]. 表面技术,
     2006, 35 (6): 11 ~ 14.

[85] 王济奎, 方景礼. 镀锌层表面混合稀土转化膜的研究 [J]. 中国稀土学报, 1997, 15
     (1): 31 ~ 34.

[86] 龙晋明, 杨宁, 陈庆华, 等. 锌表面稀土化学钝化及耐蚀性研究 [J]. 稀有金属,
     2002, 26 (2): 98 ~ 102.

[87] 龙晋明, 韩夏云, 杨宁, 等. 锌和镀锌钢的稀土表面改性 [J]. 稀土, 2003, 24 (5):
     52 ~ 56.

[88] 方景礼, 王济奎, 刘琴, 等. 碳钢表面稀土转化膜的 XPS 和 AES 研究 [J]. 中国稀土
     学报, 1994, 12 (1): 38 ~ 40.

[89] 邝钜炽. 稀土促进的钢铁表面磷酸盐转化膜形成 [J]. 腐蚀科学与防护技术, 2006,
     18 (2): 126 ~ 128.

[90] 唐鳌磊, 唐聿明, 左禹. 稀土转化膜钼酸盐后处理工艺研究 [J]. 材料保护, 2006,
     39 (11): 27 ~ 29.

[91] Wilson L. Method of forming corrosion resistant coating containing cerium [P]. AU patent:
     WO06639, 1988 – 09 – 07.

[92] Davó B, Damborenea de J J. Use of rare earth as electrochemical corrosion inhibitors for an
     Al – Li – Cu(8090) alloy in 3.5% NaCl [J]. Electrochim. Acta, 2004 (9): 4957 ~ 4965.

[93] Andre D, Jean P. Study of the deposition of cerium oxide by conversion on to aluninium alloys
     [J]. Surf. Coat. Technol., 2005, 194 (1): 1 ~ 9.

[94] Breslin C B, Chen C, Mansfeld F. Electrochemical behaviour of stainless steels following sur-
     face modification in cerium – containing solutions [J]. Corros. Sci. 1997, 39 (6): 1061 ~
     1073.

[95] Yasuyuke Kobayashi, Yutaka Fujiwara. Effect of SO₄²⁻ on the corrosion behavior of cerium –
     based conversion coatings on galvanized steel [J]. Electrochim. Acta, 2006, 51 (20):
     4236 ~ 4242.

[96] 李鸿宾. 镀锌层表面硝酸铈盐钝化研究 [D]. 沈阳: 东北大学, 2002.

[97] 朱立群, 杨飞. 环保型镀锌层蓝色钝化膜耐腐蚀性能的研究 [J]. 腐蚀与防护, 2006,
     27 (10): 503 ~ 507.

［98］朱立群，杨飞，黄慧洁，等. 镀锌层无铬钛盐的蓝色钝化［J］. 江苏大学学报（自然科学版），2007，28（2）：127～130.

［99］Liqun Zhu, Fei Yang, Nan Ding. Corrosion resistance of the electro – galvanized steel treated in a titanium conversion solution［J］. Surf. Coat. Technol. , 2007, 201（18）：7829～7834.

［100］天津大学有机化学教研室. 有机化学［M］. 北京：人民教育出版社，1979.

［101］C I Febles, A Arias, A Hardisson, et al. Phytic acid level in wheat flours［J］. J. Cereal Sci. , 2002, 36（1）：19～23.

［102］Lasztity R, Lasztity L. Phytic acid in cereal technology［J］. Cereal Sci. Technol. , 1990（10）：309～371.

［103］张洪生. 无毒植酸在金属防护中的应用［J］. 电镀与涂饰，1999，18（4）：38～41.

［104］张洪生，杨晓蕾，陈熹. 植酸在金属防护中的应用［J］. 腐蚀科学与防护技术，2002，14（4）：239～243.

［105］胡会利，程瑾宁，李宁，等. 植酸在金属防护中的应用现状及展望［J］. 材料保护，2005，38（12）：39～41.

［106］胡会利，李宁，程瑾宁. 镀锌植酸钝化膜耐蚀性的研究［J］. 电镀与环保，2005，25（6）：21～25.

［107］朱传方，胡腊生. 植酸在镀锌钝化中的应用［J］. 精细化工，1995，12（5）：54～55.

［108］周金保. 镀锌层无铬钝化工艺的新进展［J］. 电镀与环保，1991，11（5）：8～11.

［109］梁启民，张丽娜. 镀锌层单宁酸钝化［J］. 电镀与精饰，1986（1）：3～6.

［110］M J Tenwick, H A Davies. Enhanced strength in high conductivity copper alloys［J］. Mater. Sci. Eng. , 1988, 98（2）：543～546.

［111］闫捷. 锌及锌合金镀层的无铬钝化［D］. 哈尔滨：哈尔滨工业大学，2005.

［112］张安富. 镀锌系钢板表面处理新工艺［J］. 表面技术，1991，20（5）：29～31.

［113］Mcconkey B H. Tannin – Based Rust Conversion Coatings［J］. Corros. Australas, 1995, 20（5）：17～22.

［114］Robert Berger, Ulf Bexell, T Mikael Grehk, et al. A comparative study of the corrosion protective properties of chromium and chromium free passivation methods［J］. Surf. Coat. Technol. , 2007, 202（2）：391～397.

［115］John Sinko. Challenges of chromate inhibitor pigments replacement in organic coatings［J］. Prog. Org. Coat. , 2001, 42（3～4）：267～282.

［116］Huili Hua, Ning Li, Jinning Cheng, et al. Corrosion behavior of chromium – free dacromet coating in seawater［J］. J. Alloys Compd. , 2009, 472（1～2）：219～224.

［117］Basker Veeraraghavan, Dragan Slavkov, Swaminatha Prabhu, et al. Synthesis and characterization of a novel non – chrome electrolytic surface treatment process to protect zinc coatings［J］. Surf. Coat. Technol. , 2003, 167（1）：41～51.

［118］Motoaki Hara, Ryoichi Ichino, Masazumi Okido, et al. Corrosion protection property of colloidal silicate film on galvanized steel［J］. Surf. Coat. Technol. , 2003, 169～170：

679~681.

[119] Sandrine Dalbin, Georges Maurin, Ricardo P Nogueira, et al. Silica – based coating for corrosion protection of electrogalvanized steel [J]. Surf. Coat. Technol., 2005, 194 (2~3): 363~371.

[120] Montemor M F, Simões A M, Ferreira M G S, et al. The corrosion performance of organosilane based pre – treatments for coatings on galvanized steel [J]. Prog. Org. Coat., 2000, 38 (1): 17~26.

[121] Montemor M F, Simões A M, Ferreira M G S. Composition and behaviour of cerium films on galvanised steel [J]. Prog. Org. Coat., 2001, 43 (4): 274~281.

[122] Montemor M F, Simões A M, Ferreira M G S. Composition and corrosion behaviour of galvanised steel treated with rare – earth salts: the effect of the cation [J]. Prog. Org. Coat., 2002, 44 (2): 111~120.

[123] Wolfgang E G Hansal, Selma Hansal, Matthias Pölzler, et al. Investigation of polysiloxane coatings as corrosion inhibitors of zinc surfaces [J]. Surf. Coat. Technol., 2006, 200 (9): 3056~3063.

[124] Kathrin Eckhard, Wolfgang Schuhmann, Monika Maciejewska. Determination of optimum imaging conditions in AC – SECM using the mathematical distance between approach curves displayed in the impedance domain [J]. Electrochim. Acta, 2009, 54 (7): 2125~2130.

[125] Trabelsi W, Triki E, Dhouibi L, et al. The use of pre – treatments based on doped silane solutions for improved corrosion resistance of galvanized steel substrates [J]. Surf. Coat. Technol., 2006, 200 (14~15): 4240~4250.

[126] Montemor W F, Trabelsi W, Zheludevich M, et al. Modification of bis – silane solutions with rare – earth cations for improved corrosion protection of galvanized steel substrates [J]. Prog. Org. Coat., 2006, 57 (1): 67~77.

[127] 韩克平, 叶向荣, 方景礼. 镀锌层表面硅酸盐防腐膜的研究 [J]. 腐蚀科学与防护技术, 1997, 9 (2): 167~170.

[128] 宫丽, 卢燕平. 纳米硅溶胶/丙烯酸复合防蚀薄膜的研究 [J]. 材料保护, 2005, 38 (1): 17~19.

[129] 宫丽, 卢燕平, 于洋. 纳米硅溶胶改性有机复合钝化膜耐蚀性研究 [J]. 表面技术, 2004, 33 (6): 18~20.

[130] M G S Ferreira, R G Duarte, M F. Montemor, et al. Silanes and rare earth salts as chromate replacers for pre – treatments on galvanised steel [J]. Electrochim. Acta, 2004, 49 (17~18): 2927~2935.

[131] 李广超. 硫脲对镀锌层硅酸盐钝化作用的影响 [J]. 电镀与涂饰, 2007, 26 (1): 10~14.

[132] 刘文君, 张英杰, 章江洪, 等. 工艺因素对硅酸盐无铬钝化中耐蚀性的影响 [J]. 表面技术, 2007, 36 (1): 60~61.

[133] A Amirudin, D Thierry. Corrosion mechanisms of phosphated zinc layers on steel as substrates

for automotive coatings ［J］. Prog. Org. Coat. , 1996, 28 （1）: 59～76.

［134］ W J van Ooij, D Zhu, M Stacy, et al. Corrosion Protection Properties of Organofunctional Silanes ［J］. Tsinghua science and technology, 2005, 10 （6）: 639～664.

［135］ M Fedel, M Olivier, M Poelman, et al. Corrosion protection properties of silane pre－treated powder coated galvanized steel ［J］. Prog. Org. Coat. , 2009, 66 （2）: 118～128.

［136］ N Diomidis, J P Celis. Effect of hydrodynamics on zinc anodizing in silicate－based electrolytes ［J］. Surf. Coat. Technol. , 2005, 195 （2～3）: 307～313.

［137］ Dikinis V, Niaura G, Rèzaitè V, et al. Formation of conversion silicate films on Zn and their properties ［J］. T I MET FINISH. 2007, 85 （2）: 87～93.

［138］ 魏宝明. 金属腐蚀理论及应用 ［M］. 北京: 化学工业出版社, 1984.

［139］ U R 伊文思. 金属腐蚀与氧化 ［M］. 华保定译. 北京: 机械工业出版社, 1976.

［140］ 届定荣. Ti32Mo 合金在盐酸溶液中钝化膜结构及性能研究 ［D］. 北京: 北京化工大学, 2001.

［141］ J A 迪安. 兰氏化学手册 （第二版）［M］. 魏俊发, 等译. 北京: 科学出版社, 2003.

［142］ 查全性. 电极过程动力学导论 （第四版）［M］. 北京: 科学出版社, 2004.

［143］ Herbert H Uhlig. Corrosion and corrosion control ［M］. America: A Wiley－Interscience Publication, 1963.

［144］ 张景双, 安茂忠. 电镀锌及锌合金镀层钝化处理的应用与发展 ［J］. 材料保护, 1999, 32 （7）: 14～16.

［145］ 张允诚, 胡如南, 向荣. 电镀手册 ［M］. 北京: 国防工业出版社, 1997.

［146］ 刘永辉. 电化学测试技术 ［M］. 北京: 北京航空学院出版社, 1987.

［147］ Burgert Blom, Gunter Klatt, Jack C Q Fletcher, et al. Computational investigation of ethene trimerisation catalysed by cyclopentadienyl chromium complexes ［J］. Inorg. Chim. Acta, 2007, 360 （2）: 2890～2896.

［148］ Mingyong Sun, Alan E Nelson, John Adjaye. Ab initio DFT study of hydrogen dissociation on MoS_2, NiMoS, and CoMoS: mechanism, kinetics, and vibrational frequencies ［J］. J. Catal. , 2005, 233 （1）: 411～421.

［149］ Pan Yunxiang, Han You, Liu Changjun. Pathways for steam reforming of dimethyl ether under cold plasma conditions: A DFT study ［J］. Fue, 2007, 86 （2）: 2300～2307.

［150］ 吴荫顺. 金属腐蚀研究方法 ［M］. 北京: 冶金工业出版社, 1993.

［151］ 高颖, 邬冰. 电化学基础 ［M］. 北京: 化学工业出版社, 2004.

［152］ 化学工业部化工机械研究院. 腐蚀与防护手册 ［M］. 北京: 化学工业出版社, 1989.

［153］ M Pourbaix. Atlas of electrochemical equilibria in aqueous solutions ［M］. London: Oxford Press, 1974.

［154］ 杨显万, 何蔼平, 袁宝州. 高温水溶液热力学数据计算手册 ［M］. 北京: 冶金工业出版社, 1983.

［155］ 曾华梁, 吴仲达, 陈钧武, 等. 电镀工艺手册 ［M］. 北京: 机械工业出版社, 1997.

［156］李荻. 电化学原理［M］. 北京：北京航空航天大学出版社，2003.

［157］A J Bard, M V Mirkin. Scanning Electrochemical Microscopy ［M］. Marcel Dekker, New York, 2001.

［158］A J Bard, L R Faulkner. Electrochemical Methods ［M］. Wiley, New York, 2001.

［159］Michael V Mirkin, Benjamin R Horrocks. Electroanalytical measurements using the scanning electrochemical microscope ［J］. Anal. Chim. Acta, 2000, 406 （2）: 119～146.

［160］Allen J Bard, Xiao Li, Wei Zhan. Chemically imaging living cells by scanning electrochemical microscopy ［J］. Biosens. Bioelectron. , 2006, 22 （4）: 461～472.

［161］Guojin Lu, James S Cooper, Paul J McGinn. SECM imaging of electrocatalytic activity for oxygen reduction reaction on thin film materials ［J］. Electrochim. Acta, 2007, 52 （16）: 5172～5181.

［162］Anna L Barker, Patrick R Unwin, Julian W Gardner, et al. A multi‐electrode probe for parallel imaging in scanning electrochemical microscopy ［J］. Electrochem. Commun. , 2007, 6 （1）: 91～97.

［163］M L Berndt, C C Berndt. ASM Handbook Vol. 13 Corrosion: Fundamentals, Testing and Protection ［J］. ASM International, USA, 2003.

［164］A Ibrahim, R S Lima, C C Berndt, et al. Fatigue and mechanical properties of nanostructured and conventional titania （TiO_2） thermal spray coatings ［J］. Surf. Coat. Technol. , 2007, 201 （16～17）: 7589～7596.

［165］N Espallargas, J Berget, J M Guilemany, et al. Cr_3C_2 – NiCr and WC – Ni thermal spray coatings as alternatives to hard chromium for erosion – corrosion resistance ［J］. Surf. Coat. Technol. , 2008, 202 （8）: 1405～1417.

［166］M Paula Longinotti, Horacio R Corti. Diffusion of ferrocene methanol in super – cooled aqueous solutions using cylindrical microelectrodes ［J］. Electrochem. Commun. , 2007, 9 （7）: 1444～1450.

［167］Yoshiki Hirata, Soichi Yabuki, Fumio Mizutani. Application of integrated SECM ultra – micro – electrode and AFM force probe to biosensor surfaces ［J］. Bioelectrochemistry, 2004, 63 （1～2）: 217～224.

［168］R Cornut, C Lefrou. Studying permeable films with scanning electrochemical microscopy （SECM）: Quantitative determination of permeability parameter ［J］. J. Electroanal. Chem. , 2008, 623 （2）: 197～203.

［169］Edgar Völker, Carlota González Inchauspe, Ernesto J. Calvo. Scanning electrochemical microscopy measurement of ferrous ion fluxes during localized corrosion of steel ［J］. Electrochem. Commun. , 2006, 8 （1）: 179～183.

［170］Huili Hu, Ning Li, Jinning Cheng, et al. Corrosion behavior of chromium – free dacromet coating in seawater ［J］. J. Alloys Compd. , 2009, 472 （1～2）: 219～224.

［171］F Andreatta, M M Lohrengel, H Terryn, et al. Electrochemical characterisation of aluminium AA7075 – T6 and solution heat treated AA7075 using a micro – capillary cell ［J］. Electrochim. Acta, 2003, 48 (20 ~ 22): 3239 ~ 3247.

[172] Darren A Walsh, Lisa E Li, MS Bakare, et al. Visualisation of the local electrochemical activity of thermal sprayed anti – corrosion coatings using scanning electrochemical microscopy [J]. Electrochim. Acta, 2009, 54 (20): 4647 ~ 4654.

[173] Peter Liljeroth, Christoffer Johans, Christopher J Slevin, et al. Micro ring – disk electrode probes for scanning electrochemical microscopy [J]. Electrochem. Commun., 2002, 4 (1): 67 ~ 71.

[174] Xiao Li, Allen J Bard. Scanning electrochemical microscopy of HeLa cells – Effects of ferrocene methanol and silverion [J]. J. Electroanal. Chem., 2009, 628 (1 ~ 2): 35 ~ 42.

[175] Xiaolan Liu, Tao Zhang, Yawei Shao, et al. Effect of alternating voltage treatment on the corrosion resistance of pure magnesium [J]. Corros. Sci., 2009, 51 (8): 1772 ~ 1779.

[176] J A Wharton, R J K Wood, B G Mellor. Wavelet analysis of electrochemical noise measurements during corrosion of austenitic and superduplex stainless steels in chloride media [J]. Corros. Sci., 2003, 45 (1): 97 ~ 122.

[177] Y González – García, G T Burstein, S González, et al. Imaging metastable pits on austenitic stainless steel in situ at the open – circuit corrosion potential [J]. Electrochem. Commun., 2004, 6 (7): 637 ~ 642.

[178] R M Souto, Y González – García, S González, et al. Damage to paint coatings caused by electrolyte immersion as observed in situ by scanning electrochemical microscopy [J]. Corros. Sci., 2004, 46 (11): 2621 ~ 2628.

[179] J C Seegmiller, D A Buttry. A SECM study of hererogeneous redox activity at AA2024 surface [J]. J. Electrochem. Soc., 2003, 150 (9): B413 ~ B418.

[180] A Davoodi, J Pana, C Leygraf, et al. Probing of local dissolution of Al – alloys in chloride solutions by AFM and SECM [J]. Appl. Surf. Sci., 2006, 252: 5499 ~ 5503.

[181] A Davoodi, J Pana, C Leygraf, et al. In situ investigation of localized corosion of aluminum alloys in chloride solution using integrated EC – AFM/SECM techniques [J]. Electrochem. Solid – State Lett., 2005, 8 (6): B21 ~ B24.